U0341997

EHS**管理系列**

环境安全管理体系
理论与实践

Environmental Safety Management System:

Theory and Practice

黄林军　编著

暨南大学出版社
JINAN UNIVERSITY PRESS

中国·广州

图书在版编目（CIP）数据

环境安全管理体系理论与实践／黄林军著. —广州：暨南大学出版社，2013.12
ISBN 978 – 7 – 5668 – 0867 – 7

Ⅰ.①环… Ⅱ.①黄… Ⅲ.①环境管理—安全管理体系 Ⅳ.①X32

中国版本图书馆 CIP 数据核字（2013）第 276627 号

出版发行：暨南大学出版社

地　　址：中国广州暨南大学
电　　话：总编室（8620）85221601
　　　　　营销部（8620）85225284　85228291　85228292（邮购）
传　　真：（8620）85221583（办公室）　85223774（营销部）
邮　　编：510630
网　　址：http：//www.jnupress.com　http：//press.jnu.edu.cn

排　　版：广州良弓广告有限公司
印　　刷：佛山市浩文彩色印刷有限公司

开　　本：787mm×1092mm　1/16
印　　张：15.75
字　　数：280 千
版　　次：2013 年 12 月第 1 版
印　　次：2013 年 12 月第 1 次
印　　数：1—2000 册

定　　价：32.00 元

前　言

随着全球经济的飞速发展，人类自身的生存发展对自然环境的依存度日趋升高，社会经济与自然环境的和谐发展已经成为时代的主题。生产技术的进步使人类的生产水平得到了突飞猛进的发展，劳动生产率大幅度提高，增强了人类利用和改造环境的能力，但也大规模地改变了环境的组成和结构，从而改变了环境中的物质循环系统，使人类赖以生存的环境受到了前所未有的污染和破坏。

环境管理是针对生产活动过程中的环境行为及可能产生的环境问题，运用系统化、规范化的方法，将环境保护与生产经营各方面联系在一起，使经营者的行为符合环境法律法规的要求，使企业的环境表现与社会经济发展相适应，并通过持续性改善企业的环境行为，有效减少甚至消除企业活动所造成的环境污染，提升环境质量，改善生态环境，节约资源，创造社会环境效益，促进经济可持续发展的一项综合性活动。

随着经济的飞速发展，我国政府和企业的环境管理概念和内涵也在不断发展和延伸，广大企业和从业人员急需提高环境管理水平。本书也是在这样的背景下从理论和技能学习的角度为环境管理从业人员提供参考。尤其是对初次接触环境管理体系的学生和从业者，编者希望本书能够为他们提供环境管理理论和实践知识学习的参考。由于环境管理体系理论成果浩如烟海，环境管理实践的发展如火如荼，编者水平有限，疏漏之处恳请广大读者批评指正。

本书在编写过程中，得到了中山大学工学院安全工程中心梁栋教授的大力支持和指导，王雅丽协助整理本书的资料，编者还从中山大学岭南学院 EHS 中心举办的活动中获得很多的帮助，在此表示衷心感谢！

此外，本书还得到中山大学广东省消防科学技术重点实验室的支持，特此鸣谢。

编　者

2013 年 12 月

目　录

第一编　管理学基础

第一章　管理与管理学

第一节　管理及其特征

一、管理的含义

（一）管理的含义

在我国古代，"管"是管辖、管制的意思，体现着权力的归属；"理"即整理或处理之意，体现的是目标的完成。"管"和"理"连在一起，就表示在权力的范围内，对事物加以管束和处理以实现组织目标的过程。

"管理"的概念是管理学中最基本的概念。由于其广泛性和复杂性，"管理"目前未有统一的定义。以下是几种具有代表性的中外学者的阐释：

（1）弗雷德里克·W. 泰勒认为，管理就是要"确切地知道要别人干什么，并注意让他们用最好、最经济的方法去干"。

（2）弗里蒙特·E. 卡斯特认为，"管理就是计划、组织、控制等活动的过程"。

（3）赫伯特·A. 西蒙认为，"管理就是决策"。

（4）丹尼尔·A. 雷恩认为，"给管理下一个广义而又切实可行的定义，可以把它看成是这样的一种活动，即它发挥某些职能，以便有效地获取、分配和利用人的努力和物质资源，来实现某个目标"。

（5）亨利·法约尔认为，"管理就是实行计划、组织、指挥、协调和控制"。

（6）埃尔伍德·斯潘塞·伯法认为，"管理就是用数学模式来表示计划、组织、控制、决策等合乎逻辑的程序，求出最优的解答，以达到企业的目标"。

可以说，上述定义从不同侧面、不同角度阐释了管理的含义，或者揭示了管理某一方面的属性。

我国管理学者芮明杰认为，管理是对组织的资源进行有效整合，以达成组织既定目标的动态创造性活动，其核心在于实现对现实资源的有效整合。周三多则认为，管理是社会组织为了实现预期的目标，以人为中心进行的协调活动，其本质是协调，而协调的中心是人。

李维钢和白瑷峥认为，管理是指一个组织在特定的环境下，对其所拥有的资源（人力、物力、资金、社会信用、时间、信息及社会关系等）进行有效的计划、组织、领导和控制，以使组织实现既定目标的过程。它主要包括以下几个要点：

（1）管理工作是在一定的环境条件下开展的，环境既提供了机会，也构成了威胁。也就是说，管理须将所服务的组织看作一个开放的系统，它不断地与外界环境相互产生作用和影响。

（2）管理的对象是组织所拥有的各种各样的资源，管理工作要通过综合运用组织中的各种资源来实现"效率高、效果好"的目标。

（3）管理是一个过程，管理是为实现组织目标服务的，是一个有意识、有目的地进行的过程。

（4）管理由若干个职能构成，即计划、组织、领导和控制；管理工作的过程则是由一系列相互关联、连续进行的活动所构成的。

（5）在组织所拥有的众多资源中，人力资源居第一位，组织中的人执行组织管理职能具有能动性和创造性，是管理的核心。

（二）正确处理各管理职能之间的关系

一方面，在管理实践中，计划、组织、领导和控制职能一般是按顺序履行的，即先要执行计划职能，其次是组织和领导职能，最后是控制职能；另一方面，在实际管理中，这四大职能又是相互融合、相互交叉的。

管理者要正确处理管理职能的普遍性与差异性之间的关系。首先，不论何种组织、处于何种层次、属于何种管理类型的管理者，基本上都需要履行这四大职能。其次，不同组织、不同管理层次的管理者，在具体履行管理职能时，又存在着很大的差异性。例如，在计划职能方面，高层管理者更重视长远、战略性计划；而基层管理者则只安排短期作业计划。

二、管理的特征

管理作为一种普遍的社会文化现象和特殊的实践活动，具有独特的特性和特征。

（一）管理的特性

1. 管理的自然属性和社会属性

管理的自然属性表明，凡是社会化大生产的劳动过程都需要管理，体现了在任何社会制度中管理的共性。从生产力角度来看，管理具有传承性和连续性，都有其共同可循的规律。社会生产总在一定的生产关系下进行，管理要体现生产资料所有者的意志，维护所有者的利益，为巩固和发展一定的生产关系服务，这表现了管理的社会属性。管理的社会属性在不同的社会生产关系条件下表现出管理不同的个性。任何一种管理方法、管理技术和管理手段的出现都与时代背景和特定的社会关系紧密相关。

2. 管理的科学性和艺术性

管理的科学性是指人们在探索、发现、总结和遵循客观规律的基础上，建立系统化的理论体系，并在管理实践中应用管理原理与原则，使管理成为理论指导下的规范化的理性行为。在长期的管理实践中，人们经过无数次的失败和成功，通过对丰富的管理经验的归纳、总结、提炼，从中抽象总结出一系列反映管理活动过程的客观规律和一般方法，使管理成为一门科学。

管理的艺术性关注的是管理的实践性。管理者在实际工作中面对千变万化的管理对象，灵活多样地、创造性地运用管理技术与方法，解决实际问题，从而在实践与经验的基础上，创造了管理的艺术与技巧，形成了管理的艺术性。管理的艺术性强调的是管理人员必须在管理实践中发挥积极性、主动性和创造性，利用个人的智慧、知识和经验，因地制宜地将管理理论与具体的管理活动相结合，实现有效的管理。

管理的艺术性要求管理者必须熟练地掌握实际情况、因势利导、总结经验以及理论联系实际。但是，管理的科学性和艺术性并不相互对立与排斥，而是相互补充的。管理理论和管理艺术研究的都是管理实践。不同的是，管理理论研究的是管理活动中普遍的、必然的规律，而管理艺术研究的是在具体情景中管理活动的特殊性和随机性。所以，管理理论和管理艺术都是管理学的有机组成部分，两者缺一不可。

（二）管理的基本特征

1. 管理最基本的任务是实现有效的社会协作

人类社会的一切生产实践都是以协作形式出现的，无论是原始社会简单的狩猎活动，还是现代化的大工业生产，都包含着不同程度的协作。随着工作任务复杂化程度的日益提高，产生于人类共同劳动的协作关系也不再像从前那样简单而稳定，人与人之间复杂动态的协作关系已经成为一种常态。管理就是要运用科学的程序和方法，通过最佳的工作组合和最优的机构设置，以尽可能少的资源实现组织协作的最大效用。因此，管理的重要性也就日益凸显。

2. 管理最基本的形式是组织

人类社会一切生产活动中的协作关系能够演变为自觉的管理活动，其前提条件就是以组织的形式把这种协作关系固定下来，使它成为一种可以遵循的程序，并根据这种程序去有效地实现活动目标。在管理活动中，组织既是管理的主体，又是管理的客体。组织作为管理的主体，表现为有专门进行管理工作的组织机构，如指挥部、决策部、参谋部、计划部等。组织作为管理的客体，表现为系统性。任何组织都是由作为要素的人按照既定的结构建立起来的系统，既包括纵向的权利和责任分配关系，也涵盖横向的专业分工和协作关系，这些关系则是管理的主要对象。

3. 管理最主要的内容是处理人际关系

在管理活动中，人是首要因素，这已成为现代管理者的共识。虽然除了人与人的关系之外，管理系统还包含人与物的关系，但人与物的合理配置、人对物的控制归根结底都会表现为人与人的关系，因此，人际关系是管理系统两大基本关系的主要方面，对组织的成败起着决定性作用。有效地处理和协调人际关系，不仅可以帮助管理者理顺人与物的关系，还可以在组织内形成一股有机合作的整体力量，从而大幅度增强管理系统的功效。所以，在现代组织中，维护良好的人际关系已成为管理者最主要的工作。

4. 管理发展的主要动力是变革与创新

生产力的迅速发展推动着社会生产方式的不断进步，尤其在科学技术日新月异的现代社会中，社会生产的组织方式处于一个持续变革的过程当中。管理实践中不断涌现的新问题、新情况推动着管理技术和手段不断革新，从而使管理思想和理论不断丰富和完善；理论上的重大突破同时又反过来指导管理实践，促使组织的管理成效出现质的飞跃，由此循环往复，相互促进。因此，这种根据新形势而发生的迅速、连续、根本的变革与创新，成为管理发展的最主要的动力。

三、管理的职能

（一）有关管理职能的主要观点

正如学者们对管理的内涵各有见解，管理领域的不同学派在考察管理职能时，也从各自的视角来观察管理者的实际工作，从而得出不一样的研究结论。以下是几个重要学术流派关于管理职能的主要观点：

（1）管理过程学派的先驱法约尔认为，所有的管理者都在从事计划、组织、指挥、协调和控制工作。随后，古利克（Gulick）在法约尔关于管理职能的论述的基础上，提出了管理的七个职能，分别是计划（planning）、组织（organizing）、人事（staffing）、指挥（directing）、协调（coordinating）、报告（reporting）、预算（budgeting）。

（2）社会系统学派的代表人物巴纳德（Barnard）认为，组织中的经理人员有以下三项职能：一是建立并维护信息联系的系统；二是使组织成员获得必要的服务；三是规定组织目标。

（3）决策理论学派的西蒙则认为，"管理就是决策"。

（4）经验主义学派认为，管理职能主要包括以下五个方面：①制定目标和工作任务，并把它传达给与目标有关的人员；②进行组织工作；③进行鼓励和联系工作；④确立标准，并对企业的所有人员的工作进行评价；⑤使职工得到成长和发展。

（5）管理思想史学家厄威克（Urwick）认为，管理主要承担计划、组织和控制三大职能。

管理过程学派的创始人法约尔在1916年发表的名著《工业管理与一般管理》中，对管理的具体职能加以概括和系统论述，提出"管理就是一个组织进行的计划、组织、指挥、协调和控制"。后来许多管理学者从不同的角度对管理职能进行研究，出现了不同的学派。

（二）管理的基本职能

1. 计划职能

计划职能排在管理职能之首，是管理的首要职能。计划职能的主要任务是在收集大量基础资料的基础上，对组织未来环境的发展趋势做出预测，根据预测的结果和组织拥有的资源建立组织目标，然后制定出各种实施目标的方案、措施和具体步骤，为组织目标的实现做出完整的计划。一般来说，计划职能主要包括以下内容：

（1）分析和研究组织活动的环境和条件，明确组织的优势和劣势。

（2）制定决策，根据组织资源及组织的优势和劣势，明确组织在未来某个时期内的总体目标并制定相关方案。

（3）编制行动计划，详尽制定实现这些目标的具体行动计划，以便目标落到实处。行动计划实际上要解决的问题是"5W1H"，即做什么（What）、为什么做（Why）、何时做（When）、在哪做（Where）、由谁来做（Who）以及如何做（How）。

2. 组织职能

组织职能有两层含义：一是进行组织结构的设计、建立和调整，如成立机构或对现有机构进行调整和重塑；二是为达成计划目标所进行的必要的组织过程，如进行人员、资金、技术及物资等的调配，并组织实施等。

组织工作是计划工作的延伸，其目的是把组织的各类要素、各个部门和各个环节，从劳动的分工和协作、时间和空间的连接和相互关系上，都合理地组织起来，从而使组织的各项活动协调有序地进行。

3. 领导职能

领导职能是指组织的各级管理者利用各自的职位权力和个人影响力去指挥和影响下属为实现组织目标而努力的职责和功能，体现在管理者带领、指挥和激励下属，选择有效的沟通渠道，营造良好的组织氛围，实现组织目标的过程中。有效的领导要求管理者在合理的制度环境中，针对组织成员的需要和行为特点，运用适当的方式，采取一系列措施去提高和维持组织成员的工作积极性。

领导职能主要涉及组织中人的问题，往往和激励职能、协调职能一起发挥作用。

4. 控制职能

为了确保组织目标以及保证措施能有效实施，管理者要对组织的各项活动进行有效的监控。控制职能所起的作用就是检查组织活动是否按既定的计划、标准和方法执行，及时发现偏差，分析原因并进行纠正，以确保组织目标的实现。由此可见，控制职能与计划职能具有密切的关系，计划是控制的标准和前提，控制是为了计划的实现。

第二节　管理理论的发展

一、古典管理理论

古典管理理论主要由三个理论流派构成，即科学管理理论、一般管理理论和行政组织理论。

（一）泰勒的科学管理理论

科学管理理论形成于 19 世纪末 20 世纪初，以美国泰勒 1911 年出版的《科学管理原理》为其正式形成的标志。因此，泰勒被誉为"科学管理之父"。

科学管理制度由泰勒极力倡导企业建立，是一套以科学管理理念为核心的经营管理制度，其目标是提高劳动生产率。把"经济大饼"做大，使追求利益的双方所占的份额同时增加，避免一方多得而另一方少得。为此，泰勒特别强调劳资双方要来一场"心理革命"，把目光从争夺盈余转向提高盈余，通过共同协作来提高生产率。泰勒认为这场"心理革命"构成科学管理的实质。科学管理的主要内容有以下几个方面：

（1）工作定额原理。该原理认为必须通过工时和动作研究制定出有科学依据的工人的"合理的日工作量"，方法是选择合适而技术熟练的工人，把他们的每一项动作、每一道工序所使用的时间记录下来，加上必要的休息时间和其他延误时间，得出完成该项工作所需要的总时间，以此来确定工人的工作定额，实行定额管理。

（2）标准化原理。为使工人完成较高的工作定额，就要使工人掌握标准化的操作方法，使用标准化的工具、机器和材料，并使作业环境标准化，消除各种不合理因素，把各种最好的因素结合起来，形成一种标准化的作业条件。

（3）科学地挑选工人，并使之成为"第一流工人"。所谓"第一流工人"是指适合于所干工作而又有进取心的工人，而不是所谓的"超人"。泰勒认为管理人员的责任在于按照生产的需要，对工人进行选择、分工、培训，使之最后成为最适合他的最好的、最有趣的和最有利的工作。

（4）实行差别计件工资制。它是指以有科学依据的定额为标准，采用差别计件工资制，刺激工人的工作积极性，因此又称为"刺激性付酬制度"。这是一种根据工人是否完成定额而采取不同工资率的付酬方式。如果工人没有完成定额，就按"低工资率"付酬，即为正常工资率的80%；如果超过定额，全部都按"高工资率"付酬，即为正常工资率的125%。

（5）管理工作专业化原理。该原理提出把计划职能同执行（实施操作）职能分开，管理人员也要专业化分工。如工作流程管理、指示卡管理、工时成本管理、车间纪律管理属计划部门的职能；而工作分派、速度管理、检查、维修保养归执行部门的职能。

（6）管理控制的例外管理原理。该原理认为规模较大的企业，不能只依据职能原则来组织管理，还必须应用例外原则，即企业的高级管理人员把例行的日常事务授权给下级管理人员去处理，自己只保留对例外事项或重要事项的决定权。

（二）法约尔的一般管理理论

法约尔的一般管理理论也被称为经营组织理论。其特点是从企业管理的整体出发，着重研究管理的职能作用、企业内部的协调等问题，探求管理组织结构合理化、管理人员职责分工合理化等。

亨利·法约尔（Henri Fayol，1841—1925），出生于法国，长期担任一家煤矿大企业的总经理，这使他得以从最高层次探索企业及其他组织的管理问题，所以，人们称他对管理理论的研究是从"办公桌的总经理"开始的，这也是他与泰勒研究管理的视角不同的主要原因。法约尔具备了从一个较完整的角度来考虑管理问题的条件，自上而下考察管理实践的事实也体现于一般管理理论中。为此，法约尔的理论被称为"一般管理理论"，他被尊称为"经营管理之父"。法约尔的思想主要体现在其1916年出版的代表作《工业管理与一般管理》中，其主要观点如下：

1. 经营与管理的区别

法约尔认为经营与管理是不同的概念。经营是指导或引导一个组织趋向某一既定目标，它的内涵比管理更为广泛，管理仅仅是其中的一项活动。企业的经营活动可以概括为六大类：

技术活动——生产、制造、加工。

商业活动——购买、销售、交换。

财务活动——资金的筹集和运用。

安全活动——设备和人员的安全。

会计活动——存货盘点、资产负债表的制作、成本核算、统计。

管理活动——计划、组织、指挥、协调、控制。

在不同的企业工作中，六大活动所占比例不同。高层人员在决策性和协调性的工作中管理活动所占的比重较大，而在直接的生产工作和事务性活动中管理活动所占的比重较小。

这六种活动需要六种不同的能力，在企业的各个阶层都应具备，只是侧重点不同；而管理能力的重要性是随着阶层的提高而增强的。

2. 管理的五要素

法约尔第一次提出了管理的组成要素，即计划、组织、指挥、协调和控制五大职能，并对这五大职能进行了详细的分析和讨论。他认为，计划就是探索未来和制定行动方案，组织就是建立企业的物质和社会双重结构，指挥就是使其人员发挥作用，协调就是连接、联合、调和所有活动与力量，控制就是注意一切是否按照已制定的规章和下达的命令进行。

3. 管理的十四条原则

为了进行有效的管理，法约尔提出了应遵循的十四条原则：

（1）劳动分工。劳动专业化是每个机构和组织前进与发展的必要手段。法约尔认为，劳动分工的目的是用同样的努力生产出更多更好的产品。只要工人总是做同一部件，领导人经常处理同一事务，就可以达到熟练程度，建立自信心，从而提高效率。同泰勒的观点一样，法约尔认为，劳动分工不仅仅适用于技术工作，也适用于管理工作以及权限的划分。

（2）权力与责任。法约尔认为，如果要一个人对某项工作的结果负责，就应当赋予其确保工作成功应有的权力，因为权责是互相对应的。

（3）纪律。纪律应以尊重而不是恐惧为基础，纪律的实质就是遵守公司各方达成的协议。领导不善会导致纪律松弛，而严明的纪律来自正确的领导、明确的雇佣协议和审慎的赏罚制度。严明的纪律又是企业顺利经营的保障。

（4）统一命令。即无论哪一项工作，一个下属只能听命于一个领导者；违背这个原则，就会使权力和纪律受到严重的破坏。

（5）统一领导。为达到同一目的而进行的各种活动，应由一位首脑根据一项计划开展，这是统一行动、协调配合、集中力量的重要条件。

（6）个人利益服从整体利益。法约尔认为，整体利益大于个人利益的总和。一个组织谋求实现总目标比实现个人目标更为重要。协调这两方面利益的关键是领导阶层要有坚定性，并做出良好榜样。协调要尽可能公正，并经常接受监督。

（7）人员的报酬要公正。法约尔以"经济人"假设为前提，指出人员的报酬是其服务的价格，所以应该制定公平合理的报酬制度，尽量使雇主与雇员都满意。

（8）集中与分散。合理的集中与分散可以使组织各部分运动起来，尽可能发挥所有才能。管理者可根据企业的规模、环境、人员素质等情况确定集中分散的程度。

（9）等级链。法约尔认为，为了保证统一指挥，建立从最高权威者到最低管理者式的等级系列是必要的；但在紧急情况下，平级之间跨越权力而进行的横向信息沟通也是非常必要的。为此，法约尔设计了一种把等级制度与横向信息沟通结合起来的"跳板"，即"法约尔跳板"，亦称"法约尔桥"。

（10）秩序。秩序即人和物必须各尽所能。理想秩序是指有地方安置每件东西而每件东西都放在了该放的地方、有职位安排每个人而每个人都安排在了应该安排的职位上这样一种理想状态。只有这样才能做到物尽其用、人尽其才。

（11）公平。公平指以亲切、友好、公正的态度严格执行规章制度，这要求雇主"做事公平，有理，有经验，有善良的性格"。雇员们受到公平的对待后，会以忠诚和献身的精神去完成他们的任务。

（12）人员稳定。法约尔认为，成功的企业需要有一个稳定的职工队伍，因此，高层应采取措施，鼓励员工尤其是管理人员长期为公司服务。

（13）首创精神。首创精神是创立和推行一项计划的能力。一个企业的成功，不仅其领导要富有首创精神，全体人员都需要具有首创精神。

（14）集体精神。职工的融洽、团结可以使企业产生巨大的力量。实现集体精神最有效的手段是统一命令。在安排工作、实行奖励时不要引起职工之间的嫉妒，以避免破坏融洽的关系。此外，还应该直接地交流意见等。

（三）韦伯的行政组织理论

行政组织理论的主要代表人物是马克斯·韦伯（1864—1920）。韦伯出生于德国，对社会学、宗教学、经济学和政治学有广泛的兴趣，并发表过著作。他在管理思想方面的贡献是在《社会组织与经济组织理论》一书中提出了理想行政组织体系理论，由此被人们称为"行政组织理论之父"。

韦伯的"理想的行政集权制"又被译为"官僚集权模式"，它是通过职位或职务来实现管理职能的一套管理体系。韦伯的管理思想主要从以下三个方面阐述。

1. 理想的组织形态

韦伯认为任何组织都必须有某种形式的权力做基础，只有这样组织才会始终朝着目标前进并实现目标。韦伯在其管理理论中指出，世上有三种权力，与之对应的有三种组织形态。

（1）超凡权力——神秘化组织。这种组织的基础是个别人的特殊性和对超凡的、神圣的英雄或模范的崇拜。在这种组织中，支撑组织的即那些"超凡人物"。这些超凡人物具有超自然、超人的权力，所谓的救世主、先知、政治领袖就属于这类人物。而一旦超凡人物死亡，组织往往就会走向分裂，组织形态也就演化成另外两种形态或者组织本身逐渐死亡。可见，这种"神秘化组织"的基础是不稳固的。

（2）传统权力——传统组织。这种组织的基础是对古老传统的、神圣不可侵犯的传统拥有权力的人的正统性的信念。可以说，先例与惯例是这种组织行事的准则。在这种组织中，领导人不是按能力来挑选的，而是按照传统或继承沿袭而确定的。因此，其管理也就比较单纯，即仅仅是依照过去的传统行事。这里需要有一个前提条件，就是假设其过去一直采用的工作方式是合理的。可以看出，这种组织形态建立的基础也是非理性的或局部理性的，其运行效率在三种组织形态中也是最低的。

（3）法定权力——法律化的组织。这种组织的基础是对标准规则的"合法性"的信念，或对那些按照标准规则被提升为领导者的权力的信念。这种组织是按规则或程序来行使正式职能的持续性组织；领导者是按技术资格或其他既定的标准挑选出来的；组织中的决定、规则都以制度形式规定与记载；合法权力能以多种方式行使。这种组织好比一台旨在执行某些功能而精心设计的合理化的机器，部件都在为机器发挥最大功能而起着各自的作用。这种组织的优点是能有效地实现组织目标，其组织形态是建立在法理、理性基础上的最有效率的形态，是韦伯极力推崇的理想的组织形态。

2. 理想组织形态的管理制度

韦伯对理想组织形态的管理制度进行了一系列的构想，提出了以下十条准则：

（1）组织中的官员在人身上是自由的，只是在官方职责方面从属于上级的权力。

（2）官员按职务等级系列组织起来。

（3）每一职务均有明确的职权范围。

（4）职务通过自由契约关系来承担。

（5）官员根据技术资格从候选人中挑选出来。

（6）官员有固定的薪金报酬，并享有养老金。

（7）这一职务是任职者唯一或者主要的工作。

（8）职务已形成一种职业，有较完善的升迁制度。

（9）官员没有组织财产的所有权，并且不能滥用职权。

（10）官员在司职时，受严格而系统的纪律的约束与监督。

3. 理想组织形态的组织结构

在理想的行政集权制理论中，韦伯把理想的组织形态，即法律化组织的结构分成三个层次。一般工作人员负责依据上级指示，从事实际工作；行政官员（中层管理者）负责贯彻上级重大决策并拟定实施方案，同时将下层意见反馈给上层；最高领导层负责组织重大决策。

二、行为科学理论

（一）梅奥的人际关系学说

梅奥（1880—1949）是人际关系学说及行为科学的代表人物。他原籍澳大利亚，早年学习逻辑学和哲学，取得硕士学位，并在昆士兰大学教授了几年逻辑学和哲学，此后又学习心理学。他在苏格兰学医时，参加了精神病理学的研究，这对他以后从事工业中人际关系的研究很有帮助。1922 年，梅奥在洛克菲勒基金会的资助下移居美国，并在宾州大学沃顿学院任教；1926 年被哈佛大学聘为教授，从事心理学和行为科学研究。他的代表作《工业文明中人的问题》总结了他亲身参与和指导的霍桑试验及其他几个试验的研究成果，详细地论述了人际关系理论的主要思想。

1. 霍桑试验

这项试验是 1924—1932 年美国国家研究委员会在芝加哥西方电器公司的霍桑工厂进行的。梅奥参加并指导了这一试验。该试验的目的是解释西方电器公司管理实践中出现的一系列矛盾和问题。霍桑工厂有较完善的娱乐设施、医疗制度和养老金制度，但工人们的生产效率并不高，并且还有很强烈的不满情绪。研究小组聘请了包括社会学、心理学、管理学等多方面的专家进驻霍桑工厂，开始进行大规模的试验，研究具体的原因。试验期间，主要做了以下工作：

（1）工作场所照明试验。该试验从变换车间的照明开始，研究工作条件与生产效率之间的关系。研究人员希望通过试验得出照明强度对生产率的影响，但实验结果发现，照明强度的变化对生产率几乎没有什么影响。

（2）继电器装配室试验。在试验中分期改善工作条件，如改变材料供应方、增加中间休息时间、供应午餐和茶点、缩短工作时间、实行集体计件工资制、允许工作时间自由交谈等。经过研究发现，监督和指导方式的改善能促使工人改变工作态度、增加产量，而其他因素对产量并无多大影响。

（3）大规模访谈。研究人员在全公司范围内进行访问和调查，达两万多人，得到了大量有关职工态度的第一手资料。结果发现，任何一个人的工作效率都受到同事们的影响。影响生产力的最重要因素是工作中发展起来的人群关系，而不是待遇和工作环境。

（4）接线板工作室观察。这一阶段有许多重要发现，如工作室大部分成员都自行限制产量、工人对不同级别的上级持不同态度、成员中存在小派系等。

霍桑工厂进行的试验经历了八年时间，获得了大量的第一手资料。试验的结果大大出乎人们的意料，影响工人劳动生产率的并非物质因素，而是在工作中发展起来的人群关系。这个结果推动了管理理论发展的进程，为人际关系理论形成以及后来行为科学的发展打下了基础。梅奥在霍桑试验后利用获得的宝贵资料继续进行研究，提出了人际关系学说。

2. 人际关系学说的主要内容

（1）工人是"社会人"而不是"经济人"。泰勒的科学管理认为工人是"经济人"，只要用金钱加以刺激，工人就有工作的积极性。而梅奥的观点却不同，他认为工人是"社会人"，因此影响人们生产积极性的因素，除了物质方面，还有社会和心理方面。他们追求人与人之间的友情、忠诚、关心、理解、爱护、安全感、归宿感，渴望受人尊敬。

（2）企业中存在着非正式组织。梅奥认为，人具有社会性，在企业的共同体当中，人们相互联系，会自然形成一种非正式团体。在这种团体中，人们具有共同的感情和爱好，可以在某种程度上支配其成员的行为方式。非正式组织对企业而言有利有弊，其优点是可以提高士气，有利于信息沟通，能加强协作力度；其缺点是下级可能集体抵制上级的政策或目标。管理者要充分认识到非正式组织的作用，注意搞好协作，充分发挥每个人的作用。

（3）提高生产效率的主要途径是提高工人的满足程度。梅奥认为，生产效率主要取决于职工的工作态度以及与周围人的关系。管理人员必须深刻地认识到这一点，在工作中不仅要考虑职工的物质需求，还应充分考虑职工在精神方面的需求，力争使职工在安全感、归属感和友谊等方面的需求得到充分的满足，并且要因人而异，注意每一个职工的个人情况的特殊性和他与周围人员关系的好坏情况，使他们最大限度地得到感情上的满足。满足度越高，其士气就越高，生产效率也就越高。

（二）行为科学理论的建立与发展

继霍桑试验后，西方从事这方面研究的人大量涌现。20 世纪 40 年代起，美国芝加哥大学、密执安大学等都设立了人际关系研究中心，并积极开展关于人际关系的宣传教育。1947 年美国成立了全国性的"工业关系研究会"；1949 年正式提出"行为科学"这一名称，随后逐渐形成了行为科学发展的四个主要领域。

1. 关于动机激励的理论

这是行为科学最基本的核心理论。该理论认为，人的行为都是由一定的动机驱使的，而动机又是由需要决定的。因此，动机激励理论实质上是研究如何根据各种人所具有的各种不同需要去激励人们的动机，从而产生符合组织需要的行为，其理论有以下五种：

（1）马斯洛的"需要层次论"。马斯洛提出人的需要可按其重要性与发展次序分为五个等级，即生理需要、安全需要、社交需要、尊重需要和自我实现需要。他认为按层次追求需要的满足构成了行为的动机。

（2）赫茨伯格的"双因素论"。赫茨伯格认为人类有两类需要，满足这两类需要的因素可分为保健因素和激励因素。前者只能平息不满；后者才能激发积极性，提高效率。

（3）麦克利兰的"成就需要论"。麦克利兰认为人的基本需要得到满足后，主要还有三种需要，即成就需要、权力需要和归属需要。他指出，一个企业的成败、一个国家的兴衰与其具有高成就需要的人数有关，而成就需要是可以通过教育来培养和提高的。

（4）斯金纳的"强化理论"，也可称"行为改造论"。斯金纳认为人的行为可以通过正强化和负强化两种办法进行改造。正强化因素用来刺激行为的重复出现，负强化因素用来制止行为的再现，这是企业常用的奖与罚措施的理论根据。

（5）弗鲁姆的"期望理论"。弗鲁姆认为人的行为是对目标的追求，行为的激发力取决于目标价值效价的高低和期望概率的大小。

2. 关于企业管理中的"人性"理论

这是行为科学的理论基础，把人看作经济人、社会人还是复杂人，实质上取决于对人性的不同解释。不同的人具有各种不同的需要，其根源也可以从对人性的假设上找到。

（1）麦格雷戈的"X 理论与 Y 理论"。麦格雷戈提出了两种截然不同的人性观。X 理论是传统的管理观，即认为"人的本性是不诚实、懒惰、愚蠢、不负责任的"，以致要强制管束才能提高劳动效率；Y 理论则认为，人的行为受动机支配，人都愿意取得成就，只要善于诱导就能激发职工的主动性与积极性。麦格雷戈主张企业在管理指导思想上变 X 理论为 Y 理论。后来有人提出超 Y 理论，强调要针对不同的实际情况选择或综合运用 X 理论与 Y 理论。

（2）阿吉里斯的"不成熟——成熟"理论。该理论认为，人的个性发展和婴儿成长为成人一样，也有一个从不成熟到成熟的连续发展过程。而正式组织的基本性质使个人保持在"不成熟"阶段，这种矛盾对生产效率有较大影响。因此，要通过各种途径来调和，如工作扩大化和丰富化、参与管理等。

3. 关于领导方式的理论

领导方式是行为科学理论的一个重要方面，它以动机激励和人性理论为基础，强调对人的激励和对人性的看法最终是要通过一定的领导方式来体现的。关于领导方式理论的观点众多，其代表性理论主要有以下五种：

（1）坦南鲍姆和施米特的"领导方式连续统一理论"。该理论在一个连续统一体的示意图上绘出从专权式的领导到极端民主式的领导的各种模式，指出要根据领导者、被领导者和环境等具体情况选择适当的领导方式。

（2）列克特的"支持关系理论"。该理论认为，在对人的领导工作中，管理者必须善于使每个人建立与维持对自己个人价值和重要性的感觉，并把自己的知识和经验看成是这种感觉的一种支持。因此，领导要采取民主管理的方式。

（3）斯托格第和沙特尔等人的"双因素模式"。该理论指出，组织中的领导行为包含两个因素——主动结构和体谅结构，两者结合起来才能实现高效率的领导。

（4）布莱克和穆顿的"管理方格法"。该理论提出，为了避免领导工作趋于极端，应采取各种不同的综合领导方式。他们以对人的关心为纵轴，以对生产的关心为横轴，每根轴线分为九小格，共分为八十一个小格，分别代表各种不同组合的领导方式。他们认为，把对生产的高度关心同对职工的高度关心结合起来的领导方式，效率是最高的。

（5）大内的"Z 理论"。该理论研究人与企业、人与工作之间的关系。日裔美籍管理学者大内在他所著的《Z 理论》一书中比较了美国型的企业组织和日本型的企业组织，发现日本型企业组织的特点主要体现在六方面：①实行长期雇佣制；②实行考核和逐步提升制度；③培养多专多能的人才；④既要运用鲜明的控制手段，又要进行细致的启发诱导；⑤采取集体研究与个人负责相结合的决策方式；⑥树立整体观念，员工之间平等，以自我指挥代替等级指挥。

4. 关于组织与冲突理论

上述三个方面以个体行为作为研究重点，但是，管理者面对的是组织、群体，个体行为与群体行为之间存在密切关系。个体是群体行为的基础，群体行为又对个体行为产生重大的影响。管理者不仅要重视对个体行为的研究，也要重视对群体行为的研究。因此，群体构成了行为科学研究的又一个重要方面。

（1）卢因的"团体力学理论"。该理论主要论述作为非正式组织的团体的要素、目标、内聚力、规范、结构、规模、领导方式、参与者、行为分类以及对变动的反应等，认为团体是均衡状态下的各种力的一种"力场"。

（2）莱维特和利克特等人的"意见沟通理论"。莱维特提出，沟通性质主要有单向和双向两类，并形成多种方式。采用不同性质和方式的沟通网，对解决问题的速度、正确性和士气都有影响。利克特提出一个保证信息顺利到达基层而又能反馈的双层信息系统，要求每个组层次都要设有连接上下信息通路的"联络栓"。

（3）布雷福德的"敏感性训练"。该理论提出，通过受训者在共同学习环境中的相互提高，受训者会提高对自己的感情和情绪、自己在组织中所扮演的角色、自己同别人的相互影响关系的敏感性，进而改变个人和团体的行为，达到提高工作效率的目的。

（4）勃朗的"群体冲突理论"。该理论主张区分冲突性质，利用建设性冲突，限制破坏冲突。

三、现代管理理论

第二次世界大战后，社会经济发展中出现了许多新的变化，这些都对经营管理提出了许多新的要求。在古典管理学派和早期行为学派的基础上，管理出现了许多新理论和方法，形成许多新的学术派别。这种管理理论学派林立的状况被美国已故管理学家孔茨形容为"热带的丛林"。"管理理论丛林"主要划分为八个学派。

（一）管理过程学派

这一学派的创始人是法约尔。该学派把管理学说与管理人员的职能，也就是管理人员从事工作的过程联系起来，认为应该分析这一过程，从理论上加以概括，确定一些基础性的原理，并由此形成一种管理理论。有了管理理论，就可以通过研究、对原理的试验和传授管理过程中包含的基本原则，来改进管理的实践。他们首先确定了管理人员的职能，以此作为理论的概念结构。法约尔把管理职能划分为五项，即计划、组织、指挥、协调和控制。

（二）经验（或案例）学派

此学派通过分析经验（常常就是案例）来研究管理。其依据是管理学和实际管理工作者通过研究各式各样成功和失败的管理案例，就能理解管理问题，自然地学会有效地进行管理。由于经验学派强调研究经验，由此而进行研究和产生的思想的确可以促进对管理原理的验证；而且这个学派的成员所提出的原理，可能比管理过程学派所提出的原理更为有用。

（三）群体行为学派

此学派是从人类行为学派中分化来的，主要关注的是群体中人的行为，而不是人际关系。它以社会学、人类学和社会心理学为基础，而不以个人心理学为基础。它着重研究各种群体方式，从小群体的文化和行为方式到大群体的行为特点，都在研究之列。

（四）社会协作系统学派

此学派的创始人是美国的巴纳德。他认为组织是由人组成的，而人的活动相互协调，因而成为一个协作系统。企业组织的协作系统，是社会系统的一部分。协作系统又有正式组织和非正式组织之分。正式组织包含三个要素，即协作的意愿、共同的目标和信息的联系；非正式组织与正式组织相互联系，在某些方面能对正式组织产生积极影响。管理人员的作用，就是在协作系统中作为相互联系的中心，对成员的协作进行协调，使组织正常运转，实现共同目标。

（五）决策学派

此学派的主要代表人物是美国的西蒙，这一学派的特点是把决策作为管理的中心，并认为管理就是在研究各种各样的方案中，选择并做出合理决策和付诸行动的过程。西蒙认为，决策是管理的同义语，决策过程就是全部的管理过程。计划本身是决策，组织、控制等也离不开决策。不仅企业最高管理层是决策者，而且各级管理人员也都是决策者。因此，管理理论除了研究保证有效作业的各种原理外，还探求能保证正确决策的各种原理。

（六）数学学派

尽管各种管理理论学派都在一定程度上应用数学方法，但只有数学学派把管理看成一个数学模型和程序的系统。一些知名的运筹学家或运筹分析学家就属于这个学派。这个学派的主要方法是模型，借助模型可以把问题用它的基本关系和选定目标表示出来。数学方法由于大量应用于最优化问题，因此同决策理论有着很密切的关系。

（七）系统管理学派

此学派把一般系统理论应用到组织管理之中，运用系统研究的方法，吸收各学派的优点，融为一体，建立通用的模式，以寻求普遍适用的模式和原则。其主要观点有三点：①企业是由人员、资金、物资设备、时间和信息等要素在一定的目标下组成的一体化系统，它的成长和发展同时受到这些组成要素的影响。在这些要素的相互关系中，人是主体，其他要素则是被动的。②企业系统构成开放的社会技术系统。子系统的划分可从多个角度来进行，如按子系统的作用来分，可分为传感系统、信息处理系统、决策系统、加工子系统和控制子系统；按内容来分，又可分为目标子系统、技术子系统、工作子系统、结构子系统、人际关系社会子系统和外界因素子系统等。③运用系统观点来考察管理的基本职能，可以提高组织的整体效率，使管理人员不至于只重视某些已有的特殊职能而忽视了大目标，也不至于忽视自己在组织中的地位与作用。系统管理理论的优点在于认识到了组织与外部环境关系的重要性。

（八）权变管理学派

此学派强调随机应变，灵活运用各派的学说，并根据内外环境的不同采取不同的组织管理模式或手段，建立起统一的管理理论。权变管理理论是20世纪70年代在美国形成的一种以系统观点为理论依据的管理理论。该理论认为，在企业管理中要根据企业所处的内外环境、条件变化而随机应变，没有一成不变、普遍适用的最好的管理理论与管理方法。以往的理论有两个方面的缺陷：一是忽视了外部环境的影响，主要侧重于研究加强企业内部的组织管理。如泰勒的科学管理、法约尔的古典组织理论、过程管理、行为科学等。而系统管理理论尽管也强调系统和环境之间的关系，但是它太抽象，又把企业作为一个独立的系统来研究。其实在许多情况下，企业不只是一个独立系统。二是以往的管理理论大都带有普遍真理的色彩，追求理论的普适性和最合理的原则、最优化的模式，但是在真正解决企业的具体问题时，常常显得无能为力，而权变理论的出现意味着管理理论向实用主义方向发展。该理论最初出现时，受到一些西方管理学者的高度评价，他们认为它比其他的管理理论有更大的前途，是在环境动荡不定的情况下进行管理的一种好的方法。权变管理理论继承了各种管理思想，只是更强调在各种不同情况下找到适用的理论和方法。

第二章 计 划

第一节 计划的基本原理

一、计划及其特征

（一）计划的含义

计划是组织依据其外部环境和内部条件的现实要求，确定在未来一定时期内的目标，并通过编制、执行和监督来协调各类资源以实现预期目标的过程。

计划的主要内容可以概括为以下六个方面，也就是说，任何一项完整的计划都必须包含以下六个方面的内容，这六个方面的内容可以简称为"5W1H"。

（1）What：做什么？

明确计划工作的具体任务和要求，以此确定某一时期的工作任务和工作重点。

（2）Why：为什么做？

明确组织的宗旨、目标和战略，充分论证计划工作的必要性和可行性。

（3）Who：谁去做？

计划所涉及的各项工作都由哪些部门负责，必要的时候要落实具体的负责人。

（4）when：何时做？

规定计划中各项工作的开始和完成的时间以及进度。

（5）Where：在何地做？

合理安排计划实施的空间布局，明确计划的实施地点和场所。

（6）How：怎样做？

明确计划实施的方式方法，制定实现计划目标的措施，包括相应的政策、规则和程序。

（二）计划的特点

1. 目的性

目标是计划的终点，所以计划是组织精心安排的、有技巧地实现组织目标的过程，具有强烈的目的性。各种计划及其所有的支持性计划，其目的都是促使企业或各类组织的总目标和阶段目标的实现。

2. 层次性

计划是对企业目标的界定，而目标具有层次性。例如，生产部门的目标是按一定的质量要求，在成本的约束下生产出一定数量的产品，而销售部门的目标是尽快卖出产品。两者的总目标是一致的，但生产部门和销售部门都不能单独完成企业的目标，所以它们的目标更具体，与企业的总目标有层次高低之分。

3. 普遍性

虽然计划工作的特点和范围随着管理人员的权力和责任的不同而存在很大差异，但它是组织中每个层次的管理人员都要做的第一件事。一方面一个组织的成功是要靠团队协同作战的，而只有组织内的每一个成员都在目标的引导下为计划的制订献计献策，才能使他们朝着一个方向去努力，从而提高组织的凝聚力。另一方面，全员参与制订的计划更符合实际需要，执行时有良好的群众基础。所以计划是组织内每个管理者的任务。

4. 经济性

计划制订的过程中，人们必然会分析企业现行各项管理活动的合理性，从而挖掘企业资源的利用潜力、减少各种浪费和避免偏离组织目标的行为。

5. 主导性

计划相对于其他管理职能处于首位，它的影响贯穿于管理工作的全过程，是控制工作的先导；它确定了企业经营管理活动的方向，又为控制工作提供了标准。

二、计划的类型

（一）按不同管理层次分类

1. 战略计划

战略计划是由高层管理者制定的涉及企业长远发展目标的计划。它的特点是长期性，一次计划可以决定在相当长的时期内大量资源的运动方向。它的涉及面很广，相关因素较多，这些因素的关系既复杂又不明确，因此，战略计划要有较大的弹性。战略计划还应考虑许多无法量化的因素，必须借助非确定性分析和推理判断才能对它们有所认识。战略计划的这些特点决定了它对战术计划和作业计划的指导作用。

2. 战术计划

战术计划是由中层管理者制定的涉及企业生产经营、资源分配和利用的计划。它将战略计划中具有广泛性的目标和政策，转变为确定的目标和政策，并且规定了达到各种目标的确切时间。战术计划中的目标和政策比战略计划具体、详细，并具有相互协调的作用。此外，战略计划是以问题为中心的，而战术计划是以时间为中心的。一般情况下，战术计划按年度分别拟订。

3. 作业计划

作业计划是由基层管理者制定的计划。战术计划虽然已经相当详细，但在时间、预算和工作程序方面还不能满足实际实施的需要，还必须制定作业计划。作业计划根据战术计划确定作业计划期间的预算、利润、销售量、产量，以及其他更为具体的目标，确定工作流程，划分合理的工作单位，分派任务和资源，以及确定权力和责任。

（二）按计划对象分类

1. 综合计划

综合计划一般指具有多个目标和多方面内容的计划。就其涉及的对象来说，关联到整个组织或组织中的许多方面，所以，应把制定综合计划放在首要位置上，要自上而下地编制计划。人们习惯把年度预算的计划称为"综合计划"。

2. 局部计划

局部计划指限于指定范围的计划。它包括各种职能部门制定的职能计划、技术改造计划、设备维修计划等，还包括执行计划的部门制定的部门计划。局部计划是在综合计划的基础上制定的，它的内容专一性强，是综合计划的一个子计划，是为达到整个组织的目标而确立的。

3. 项目计划

项目计划是针对组织的特定课题做出决策的计划。例如某种产品开发计划、企业扩建计划、与其他企业联合计划、职工俱乐部建设计划等都是项目计划。项目计划在某些方面类似于综合计划。它的计划期为一年时，它就要包括在年度计划之内。当它的计划需要几年才能完成时，比如企业扩建计划，这时年度计划仅是它的一部分。

（三）按计划所涉及的时间分类

按所涉及的时间分类，可以将计划分为长期计划、中期计划和短期计划。一般来说，人们习惯把一年或一年以下的计划称为"短期计划"，一年以上五年以内的计划称为"中期计划"，而五年以上的计划称为"长期计划"。这种划分不是绝对的。长期计划往往是组织较长时间的战略安排，一般只含有较为粗略的大目标，没有细节性的措施，属于组织简要的目标和纲领性规划，它包括有关组织在较长时期的生产、技术、经济发展的一些重大问题，如组织产品的发展方向、生产发展规模、组织技术发展水平等。短期计划常是指年度计划，是根据中长期计划规定的目标和当前的实际情况对年度计划的各项活动所做出的总体安排。中期计划则介于长期计划与短期计划之间。长、中、短期计划相互衔接，反映事物发展在时间上的连续性。

三、计划的程序

计划的制订是一项复杂的工作。为了保证计划的合理性，确保组织目标的实现，计划的制订必须采用科学的方法。虽然计划有不同的类型，其形式也多种多样，但管理者在制订任何完整的计划时，实际上都遵循相同的逻辑和步骤。

（一）环境分析

组织环境因素对组织战略计划的制订起着关键性的影响作用。任何一个组织的高级管理人员要想制订一个能引导自己的企业走向成功的计划，都必须全面地调查和分析组织环境因素，并获取和分析与本企业和本行业有关的组织环境因素的信息情报。计划是否科学和切合实际，在很大程度上取决于信息的调查和掌握是否全面、准确。因此，计划的制订从环境分析入手，需要调查和掌握大量的信息，既包含企业外部的信息，也包含企业内部的信息。外部信息中又有一般环境因素和任务环境因素之分。

（二）确定目标

在分析企业外部和内部情况的基础上就可以确定目标了。目标为组织的整体、各部门和各成员指明了方向，并且作为标准可用来衡量实际绩效。一般在确定目标时必须考虑目标的优先次序、目标的时间、目标的结构和衡量目标的标准等四方面内容。

1. 目标的优先次序

目标的优先次序意味着在一定的时间内，某一个目标的实现相对来说比实现其他目标更为重要。目标的优先次序确定以后，还必须将决策所确立的目标进行分解，以便落实到各个部门、各个活动环节（目标的结构），并将长期目标分解为各个阶段的目标（目标的时间）。

2. 目标的时间

目标的时间因素意味着一个组织的活动受各种行动时间长短不同的目标所支配，即目标有短期、中期和长期之分。一般来说，长期目标是企业的最终目标，中期目标是为了实现最终目标而必须达到的目标，短期目标关心的是组织眼前的问题和目标。而目标应由组织内的各个部门来负责实现。向组织内的各个部门分派目标的过程，就会关系目标的第三个方面——目标的结构。

3. 目标的结构

决策所确立的组织目标分解到各个部门，然后落实到各个活动环节。主要部门的目标依次控制下属各部门的目标，依次类推，从而形成了组织的目标结构。

4. 衡量目标的标准

在说明目标时，使用的语言一定要让努力实现目标的人理解和接受，即有效的计划要求目标容易衡量。为此，要尽量使用定量指标，做到一目了然。

（三）拟订各种可行性计划方案

目标确定后，就需要拟订尽可能多的计划方案。可供选择的行动计划数量越多，被选计划的相对满意程度就越高，行动就越有效。因此，在可行性计划方案拟订阶段，要充分发挥组织内外各类人员的积极性，鼓励他们献计献策，产生尽可能多的计划方案，以便寻求实现目标的最佳方案。

拟订各种可行的计划方案时，一方面，要依赖过去的经验，已经成功的或失败的经验对于拟订可行的计划方案都有借鉴作用；另一方面，也是更重要的方面，就是依赖于创新，由于企业内部与外部情况的迅速发展变化，过去的方案不一定适应当今的要求，所以，计划方案还必须创新。

（四）评估选择

根据企业的内部与外部条件和对计划目标的研究，充分分析各个方案的优缺点，并认真做出评价和比较，选择最接近许可条件和计划目标的要求，同时风险较小的方案。评估时，要注意考虑以下六点：

（1）认真考察每一个计划的制约因素。

（2）要用总体的效益观点来衡量计划。

（3）既要考虑每一个计划的许多有形的可以用数量表示出来的因素，也要考虑到许多无形的不能用数量表示出来的因素。

（4）要动态地考察计划的效果，不仅要考虑计划执行所带来的利益，还要考虑计划执行带来的损失，特别要注意那些潜在的、间接的损失。评价方法分为定性和定量两类。

（5）按一定的原则选择出一个或几个较优的计划。

（6）若考虑因素较多时，还要依靠决策人员的经验、试验和研究分析，进行比较。

（五）拟订主要计划

完成了拟订和选择可行性行动计划后，就要拟订主要计划。它是指将所选择的计划用文字形式正式地表达出来，作为一项管理文件。计划中要清楚地确定和描述"5W1H"的内容等。

（六）制定派生计划

派生计划是为了支持主计划的实现而由各个职能部门和下属单位制定的计划。

（七）制定预算

在做出决策和确定计划后，赋予计划含义的最后一步是把计划转变成预算，使计划数字化。编制预算，一方面是为了计划的指标体系更加明确；另一方面，使企业易于对计划执行进行控制。定性的计划往往在可比性、可控性和进行奖惩方面较困难，而定量的计划则具有较强的约束。

第二节　目标管理

一、目标管理的含义与特点

（一）目标管理的含义

目标管理是1954年由美国著名管理学家彼得·德鲁克在《管理的实践》一书中提出的。德鲁克认为，企业的目的和任务都必须转化为目标，而企业目标只有通过分成更小的目标后才能够实现。并不是有了工作才有目标，而是有了目标之后，根据目标确定每个人的工作。但是在现实中，通常出现的情况是组织有一个清晰的战略目标，但对如何实现目标并不清楚，员工更不清楚他们的工作与组织的战略目标有何关联。员工有努力的良好愿望，但是由于没有明确的目标，不知道努力的方向，往往无所适从，抑或是终日忙碌而不知所图。解决这种问题的答案在于将目标管理和自我控制结合起来。这也就是德鲁克所提出的主张。"目标管理和自我控制"最大的优点在于以目标给人带来的自我控制力取代来自他人的支配式的管理方式，从而激发人的最大潜力，把事情办好。

许多学者对目标管理做了不同的定义，尽管目标管理的定义的具体形式多种多样，但其基本内容是一致的。所谓目标管理，是一种程序或过程，它使组织中上下级一起协商，根据组织的使命确定一定时期内组织的总目标，由此决定下级的责任和分目标，并把这些目标作为评估和奖励的标准。麦康尼在分析了近40位权威人士对目标管理的观点之后认为应包括三方面内容：①目的和目标应当具体；②应该根据可衡量的标准来定义目标；③应当将个体目标与组织目标联系起来。

（二）目标管理的特点

1. 目标管理是参与管理的一种形式

目标管理要求上级与下级一起共同参与目标的制订，即在明确了一定时期内组织总目标的基础上，由各部门和全体员工根据总目标的要求，采取"自上而下"、"自下而上"相结合以及横向各部门相互配合的方式来协商确定各自的分目标，形成以总目标为中心、上下左右紧密衔接和协调一致的目标体系。

2. 强调"自我控制"

目标管理的主旨在于用"自我控制的管理"代替"压制性管理"，强调管理人员和员工根据预先设定的目标进行自我管理。他们以各自承诺所要达到的目标为依据，自行选择和确定实现目标的方法、手段和途径，从而达到责、权、利的有机结合。

3. 促进组织分权

集权和分权的矛盾是组织的基本矛盾之一，担心失去控制是阻碍充分授权的较重要的原因。实行目标管理有助于协调这一矛盾，促进组织进一步分权，有助于在保持有效控制的前提下，增强组织的生机与活力。

4. 注重成果第一的方针

完整的目标管理过程不仅贯彻了"员工参与管理"的思想，同时也建立了一套具体的、可衡量的目标体系，这一目标体系也为衡量和考核主管人员和员工的工作业绩提供了客观标准。

二、目标管理的过程

由于各个组织活动的性质不同，目标管理的步骤可以不完全一样，但一般来说，目标管理的基本过程如下：

（一）目标展开

实施目标管理，首先要建立一套完整的目标体系，将目标逐级展开。目标展开就是将企业目标自上而下层层分解，最终落实到每个责任人的过程。目标展开既是目标的落实过程，又是目标体系的形成过程，一般包括以下环节：

1. 目标分解

即企业目标按企业管理体系的纵向关系自上而下逐级分解，从总目标到分目标再到个人目标的分解过程。

2. 目标展开

即各部门、班组或个人根据自己的分目标提出落实措施、对策。

3. 目标协商

即各部门、各层次之间围绕企业目标的分解和对策措施进行意见沟通和商讨，以消除不协调。

4. 明确目标责任

即每一个部门和员工明确自身在实现企业目标过程中的责任。

5. 编制目标展开图和个人目标卡

（二）目标实施

为保证目标的顺利实现，管理者在实施阶段要着重抓好以下三个方面的工作：

1. 权力下放和自我控制

在实施过程中，上级要尽可能下放权限，给下级以自由处理事务的余地。上下级之间需相互谅解，允许个人按照自己的意志自由地做出判断和采取行动；在权限下放的同时，上级也要强调下级执行责任和报告的义务。下级在实施过程中，一方面，要对照自己的目标检查行动；另一方面，要依靠自己的判断来充分行使下放给自己的权限，努力达到目标，这就是自我控制。

2. 实施过程的检查和控制

目标实施如果没有检查，就会变成放任自流，检查可以促进各部门和个人认真地实现目标。目标实施过程中的检查一般采取下级自查报告和上级巡视指导相结合的方式。下级要明确报告工作的义务，定期自查向上级报告，报告内容包括目标实施进展状况、自己所做的主要工作、遇到的问题、希望得到的帮助等。

3. 上级与下级的交流

上级要加强对目标实施过程的控制和管理，就必须经常与下级进行意见交流。上级可在巡视检查中向下级就工作的方法等进行实质性的询问，提出问题，鼓励下级主动地、创造性地钻研问题，以积极进取的态度解决问题。对下级在工作中无权处理而请求上级给予帮助的问题，上级则应及时给予适当的启发和指示。当然，上级的检查应尽量不干扰下级的自我控制。

（三）目标成果评价

目标管理的最后阶段，是目标成果评价，以确认成果和考核业绩，并与个人利益与待遇结合起来。目标成果的评价一般采取自我评价和上级评价相结合的方式，共同协商确认效果。

目标成果的具体评价一般采用综合评价法，即对每一项目标按目标的达到程度、目标的复杂困难程度、目标实现中的努力程度三个要素来评定，确定各要素等级分，再加上修正值，得出单项目标分数值；然后综合考虑各单项目标在整个目标中的权重，得出综合考虑的目标成果值，根据目标成果值确定目标成果的等级。

综合评价的具体步骤如下：

（1）评定"目标的达到程度"。一般采用实际成绩值与目标值之比的方式，根据达到率分为 A、B、C 三个等级。通常 A 级为 100% ~110%，B 级为 90% ~100%，C 级为 80% ~90%。如果目标无法量化，则可按事先规定的成果评定要点，确定 A、B、C 三个等级。

（2）评定"目标的复杂困难程度"。由于个人的实际能力和主客观条件不同，目标的复杂困难程度也各不相同。如果评定时仅着眼于"达到程度"，就无法准确客观地衡量每个人的成绩大小。因此只有把目标的复杂及困难程度考虑在内，才能对每个人的成绩做出比较。"复杂困难程度"通过协商确认，也分为 A、B、C 三级。

（3）评定"目标实现中的努力程度"。对于达标过程中属于个人职责范围内应当克服的不利条件，经过本人的努力，情况有了多大的变化？区别是经过努力没有获得成果，还是没有努力而没有获得成果。根据对达到目标过程中的种种条件的分析，将"努力"程度按 A、B、C 三个等级评定。

（4）规定每一个评价要素在目标项内的比重，做出单项目标的初步评定值。三个要素的比重一般可定为，"达到程度"50％，"复杂困难程度"30％，"努力程度"20％。由于部门不同，所处的管理层次不同，三要素比重可以适当调整。

（5）对达标过程中出现的非本人责任以及在努力后也不能排除的不利条件，酌情进行修正，得出各单项目标评定值。

（6）将各单项目标评定值分别乘以其权数，得出单项目标的比重值，再加总，便得到个人的目标成果综合评定值，然后按 A、B、C 三等评定目标成果的等级。

第三节 决策

一、决策的含义

现代决策理论认为，管理的重心在经营，经营的重心在决策。决策正确，企业的生产经营活动才能顺利发展；决策失误，企业的生产经营活动就会遇到挫折，甚至失败。

决策是指为实现一定目标，在掌握充分的信息和对有关情况进行深入分析的基础上，用科学的方法拟订并评估各种方案，从可行方案中选择一个合理方案的分析判断过程。经营决策是指在企业生产经营活动过程中，为实现预定的经营目标或解决新遇到的重大问题，在充分考虑企业内部条件和外部环境的基础上，拟订出若干可行方案，然后从中做出具有判断性的选择，确定一个较佳方案的过程。决策的含义包括以下五个要点：

（1）决策应有明确合理的目标，这是决策的出发点和归宿。决策是理性行动的基础，行动是决策的延续。无目标或目标不合理的行动是盲目的、错误的行动，只会导致企业的损失和浪费。

（2）决策必须有两个以上的备选方案。为实现企业某一特定经营目标，必须从多个可行方案中通过分析、比较和判断进行选优。如果只有一个方案，则别无选择；或虽有多个备选方案，但无限制，可随意选取，也就无须分析、判断，这都不符合决策的概念。

（3）必须知道每种方案可能出现的结果。选择方案的标准主要是看方案实施后的经济效果如何，所以，必须对实施方案可能出现的结果有充分的预见，否则就无从比较。

（4）最后所选取的方案只能是令人满意的。传统的理论以决策标准最优化为准则，如力图寻找最大的利润、最大的市场份额、最优的价格、最低的成本、最短的时间等。现代决策理论认为，最优化决策是不可能实现的，它只是理想而已。

（5）决策的实质是谋求企业的动态平衡。从提出问题、收集资料、确定目标、拟订行动方案、评价选择到采取行动、实施反馈等一系列活动，都是为谋求企业外部环境、内部条件和经营目标之间的动态平衡而努力的。

二、决策的类型

决策的内容十分广泛，按照不同的分类标准或依据将其分为许多类型。

（一）战略决策与战术决策

从调整的对象涉及的时限来看，组织的决策可以分为战略决策与战术决策。战略决策是指有关企业今后发展方向的长远性、全局性的重大决策，涉及整个战略的总体安排，包括投资方向、生产规模选择、产品开发、企业技术改造、设备和工艺方案选择、生产过程组织设计、市场开拓、厂址选择和生产布局，以及人力资源开发等，具有时间长和风险较大的特点；战术决策是为实现长期战略目标所采取的短期的策略手段，与每一具体活动的进行有关，如日常的营销决策、物资储备决策、生产过程的控制和采购资金的控制等，具有投资少和时间短的特点。战略决策解决的是"做什么"的问题，战术决策解决的是"如何做"的问题。战略决策是根本性决策，战术决策是执行性决策。战略决策是战术决策的依据；战术决策是在战略决策的指导下制定的，是战略决策的落实。

（二）程序化决策与非程序化决策

这是根据决策问题的重复程度和有无既定的程序来进行分类的。

程序化决策是指解决企业管理中经常重复出现的问题，并已有处理经验、程序和方法，能按原来规定的程序处理方法和标准进行的决策，称为"重复性决策"或"规范化决策"，多属于业务决策。例如，企业做采购原材料决策时，会遵循以往的惯例进行。现在的政府机关需要新进人员时，先制定出引进计划，然后上报给人事主管部门审批，审批后再向全社会公开招考公务员。由于这类问题是重复出现的，其过程已标准化，从而可制定出一定的程序，建立决策模式用计算机进行处理。在企业管理工作中，绝大多数决策属程序化决策。

非程序化决策是指没有常规可循，对不经常重复发生的业务工作和管理工作所做的，没有处理经验、靠决策者个人的判断和信念来进行的决策。非程序化决策往往是有关企业重大战略问题的决策，如新产品开发、产品方向变更等。非程序化决策主要用来解决例外问题。例如，企业在生产过程中出现重大人员伤亡事故时就必须采用非程序化决策，因为对企业来说，重大人员伤亡事故并不是经常出现的，企业自身也缺乏这种处理经验。

由于非程序化决策要考虑企业内外条件和环境的变化，所以，无法用常规的办法来处理，除采用定量分析外，决策者个人的经验、知识、洞察力、直觉和信念等主观因素对决策有很大影响。

（三）确定型决策、不确定型决策和风险型决策

这是根据决策问题所处的条件及后果发生的可能性大小进行分类的。

确定型决策是指每个方案所需的条件都是已知的，能预先准确了解其必然结果，即决策条件清楚，决策者只需根据目的进行决策。其最基本的特征就是事件的各种自然状态是完全肯定而明确的。它的任务就是分析各种方案所得到的明确结果，从中选择一个合理的方案。

不确定型决策是指决策者只知道每个备选方案都存在着两种以上不可控的状态，也不知道每种自然状态发生的概率，只能进行主观判断，即条件、结果均不清，决策者根据个人偏好选择方案，方案的最终选择主要取决于决策者的态度、经验及其所持的决策原则。

风险型决策，又称"随机型决策"，指每一个备选方案的执行都会出现几种不同的情况，决策者不能知道哪种自然状态会发生，但能知道有多少种自然状态以及每种自然状态发生的概率。这时的决策就存在着风险，即条件不十分肯定，但后果及发生的概率大多已知。决策者无论怎么选择都将承担决策的风险。

（四）初始决策与追踪决策

从决策解决问题的性质来看，可以将决策分成初始决策与追踪决策两种。

初始决策是指组织对从事某种活动的方案所进行的初次选择，它是在有关活动尚未开展以及环境未受到影响的情况下进行的。随着初始决策的实施，组织外部环境发生变化，这种情况下所进行的决策就是追踪决策。追踪决策是在初始决策的基础上对组织活动或方式的更新调整。

（五）高层决策、中层决策和基层决策

按做出决策的领导层次划分，决策可以分为高层决策、中层决策和基层

决策。

高层决策即企业一级的决策，要解决企业及其同外部环境有密切关系的全局性、长远性、战略性的重大问题，大多属于战略决策。

中层决策是由组织中层管理人员所进行的决策，即车间、职能部门一级的决策，是在战略决策做出后确保在某一时期内完成任务和解决问题的决策。

基层决策即工段组一级的决策，主要解决工作任务中的问题，这类决策问题技术性较强，要求及时解决。

（六）个体决策与群体决策

按决策主体的数量划分，决策可以分为个体决策与群体决策。

个体决策的决策者是个人，如"厂长负责制"企业中的决策就主要由厂长个人做出方案抉择。由于群体间的个体差异和冲突，群体决策要比个体决策更为复杂。

群体决策的决策者可以是几个人，也可以是一群人，甚至整个组织的所有成员。如"董事会制"下的决策就是一种群体决策，由集体做出决策方案的选择。群体中的个人可以以个体决策的方式进行自己的决策，但必须受制于群体的规范；决策结果是各种个体决策结果的群体综合。群体决策的特点有群体成员的价值观、目标、判断准则和信息基础存在差异；群体成员对决策问题的认识不尽一致；群体活动的结果取决于群体的构成和群体的作用过程。群体决策的优点是能提供完整的信息，避免重大错误，提高决策质量，产生更多的方案，提高方案的接受性，提高决策的合法性。其缺点有消耗更多的资源（时间和金钱），容易被少数人主导，容易产生群体思维偏见，责任不清等。个体决策的速度快，群体决策往往比个体决策消耗更多的时间，但有效性更高，群体决策的创造性强。

三、决策的程序

（一）识别问题或机会

制订决策的第一步是认识决策的需要，因此，决策过程开始于一个存在的问题，或为了利用一个潜在的机会。问题的存在或者机会的出现，导致目标与现实差异，或者产生差异的潜在风险，因此需要管理者采取特定的行动。比如一家公司的销售经理发现销售额有所下降，或者采购经理发现采购成本正在上升，都有可能迫使他分析问题产生的原因，并有可能导致他们采取进一步的行动。

识别问题的困难在于现实管理中的问题很少是显而易见的，有时候问题本身并不明显，导致问题产生的原因也可能是错综复杂的。由于问题的识别通常带有很强的主观性，在同一种状态下，有的经理人员可能认为是个"问题"，而另一个经理人员则认为是一种"满意状态"。美国管理学家史蒂芬·罗宾斯（Stephen P. Robbins）认为，"那些不正确地、完美地解决了错误问题的管理者，与那些不能识别正确问题而没有解决问题的管理者做得一样差"。因此，识别问题或者发现机会，对管理者做决策而言，既重要也困难。

一些因素通常会激发管理者对于决策需求的认识，比如，当组织外部环境发生变化导致机会或威胁产生时，或者当组织内部拥有大量的技术、能力和资源时，为了积极有效地利用这些能力和资源，管理者往往会创造出决策的需求。管理者在认识决策过程中，对识别问题或发现机会，可能是主动的，也可能是被动的，但最重要的是，他们必须能够认识到决策的需要，并能及时、正确地采取恰当的行动。

（二）拟订备选方案

一旦问题或机会被正确地识别出来，管理者必须着手拟订出有针对性的备选行动方案；有时为了更好地达到解决问题或充分利用机会的目的，需要设计出尽可能多的备选方案以供评价和筛选。如果备选方案只有一个便谈不上选择，也就无所谓决策了。管理专家们认为，没有推出不同的备选方案并对它们进行比较分析，是管理者做出错误决策的重要原因之一。由于受到时间、信息成本以及管理者自身信息处理能力的限制，备选方案的数量也并非越多越好。

备选方案既可以是标准化和常规性的，也可以是独特的和富有创造性的。那些标准化和常规性的方案可以借助过去的做法，或者来自管理者自己的经验。其主要问题是由于管理者自身经验、经历以及个人固有的心智模式的局限性，管理者往往很难对特定问题提出具有创造性的解决方案。要形成具有创造性的解决问题或利用机会的方案，就要求管理者彻底放弃固有的思想观念，转而使用一种全新的思维方式，这对管理者而言无疑是巨大的挑战。美国学者彼德·圣吉（Peter Senge）在其著作《第五项修炼》中提出了许多建设性的忠告和意见，并对激发管理者创造性解决问题的思维提出了很多方法。此外，管理者在设计具有创造性方案的过程中，要善于听取他人的建议和意见，利用群体的智慧，如通过头脑风暴法和德尔菲技术等方法得到独特的富有创造性的方案。

（三）评价备选方案

管理者获得了一组可行的备选方案后，必须对每个备选方案的优点和缺点进行比较评估。因此，管理者必须具备识别每一种备选方案的优点和缺点的能力。

一些较差的管理决策之所以产生，是因为对备选方案做出了错误的评价。

要保证对备选方案进行正确的评价，最重要的是要能够确定出与决策相关的关键标准或标准组合。备选方案评价的标准或标准组合的确定并非易事。西方学者认为，对备选方案做正反两个方面的评价，通常有四个基本标准，即合法性、合乎伦理道德、经济可行性和实用性。当然，很多时候，管理者需要搜集更多的补充信息，以保证评价的正确性。

（四）选择方案

在完成了对备选方案的全面评价后，接下来的一项任务是对各备选方案进行排序，并从中做出选择。尽管选择一个方案看起来并不复杂，但实际上并非如此。要做出正确的选择，管理者必须确保将所有可能得到的信息都纳入到考虑的范围，特别要避免对已经掌握的关键信息的忽视。

（五）实施方案

在选择出相对最佳的方案后，就需要将方案予以实施。如果一项好的方案得不到恰当的实施，仍可能是失败的。作为管理者，必须清醒地认识到，方案的有效实施需要足够的资源做保障。这些资源如果是组织内部所拥有的，管理者必须设法将这些资源调动起来并加以合理地利用；如果是从组织外部获取来的，管理者必须考虑获取这些外部资源的途径以及经济性。

由于决策的实施过程实际上就是将决策传递给相关人员，并得到他们行动的承诺，因此，如何赢得相关人员的支持，是一项决策能够成功实施的关键。在决策实施过程中，协调和处理各方面的责、权、利关系，是保障决策顺利实施以及调动每一个参与实施的人员积极性的基础。此外，如果决策的实施者参与了决策的制订过程，那么他们更有可能为决策的有效实施做出积极的贡献。

（六）评价与反馈

决策制定过程的最后一个步骤是评价决策效果，主要是看决策是否真正有效地解决了问题，或者实现了预先的期望。评价的问题主要包括有没有正确地识别问题或机会、备选方案设计是否合理、方案评价是否失当、方案选择和实施是否正确等。对问题的挖掘可能驱使管理者追溯到决策前面的任何一个步骤，甚至可能需要重新开始整个决策过程。管理者应从反馈中评价决策的效果。高效的管理者总是会对以前的经验和教训进行回顾和反思，通过对决策结果进行分析总结，来不断提高决策的能力。反之，则会停滞不前。为了避免发生这种情况，管理者需要建立一种从过去的决策结果中进行学习的正式程序。

第三章 组 织

第一节 组织与组织工作

一、组织及其特征

组织是指为了某一共同目标，按一定规则和程序建立起来的一种责权结构和系统集合，并对集合体中各成员进行角色安排和任务分派，使人或事具有一定的系统性和整体性。因此，组织包含两层含义：一是指具有不同层次权力结构的人的集合体；二是指进行管理和协作的活动设计。著名的组织学家巴纳德认为，由于生理、心理、物质和社会的限制，人们为了达到个人和集体共同的目标，就必须合作，于是形成群体而成为组织。在一个组织中，其构成要素除了人之外，还有物、财、信息等。但人是最重要的要素，是起决定作用的要素，组织工作围绕着人进行。

组织具有以下基本特征：

（一）组织是一个职务结构或职权结构

组织中的每个人都有特定的职责权利，组织工作的任务在于明确这一职责结构以及根据组织内外环境的变化使之合法化。组织中的每一个成员不再是独立的、只对自己负责的个人，而是组织中的既定角色，承担着实现组织目标的任务。

组织是一个责任系统，具有上下级的隶属关系和横向沟通网络。在组织系统中，下级有向上级报告自己工作效果的义务和责任，上级有对下级的工作进行指导的责任，同级之间应进行必要的沟通。同时，为达到组织目标，组织授权管理者对各项活动进行组合，协调企业组织结构中的横向关系和纵向关系。

（二）组织是一个独立运行系统

在管理学中，组织的运作具有独立性，组织的目标确定、权利与责任的规定、组织机构设计、人员的配备，以及组织的创新等都是由组织自身独立完成的；同时，组织内部各职能部门的活动在服从组织目标的前提下也具有相对的独立性。组织管理的任务就是通过以上活动使组织中的各个部门和各个成员为实现组织目标而协调一致地工作。

二、组织的类型

（一）按组织的目标性质以及由其所决定的基本任务分类

1. 政治组织

政治组织是指以完成各种政治任务、实现一定的政治目的为主要目标的组织，包括政党组织和国家政权组织。

2. 经济组织

经济组织是指参与市场交换，通过生产经营活动获取利润的组织，包括生产组织、金融组织、交通运输组织和其他服务性组织。

3. 文化组织

文化组织是指以满足人们各种文化需要为目标，从事文化教育、培养人才、传授知识的组织，如各类学校、图书馆、影剧院及艺术团体等。

4. 群众组织

群众组织是指社会各阶层、各领域的人民群众为开展各种有益活动而形成的社会团体，如工会、共青团、妇女联合会等。

5. 宗教组织

宗教组织是指以某种宗教信仰为宗旨而形成的从事正常的宗教活动的组织。

（二）按照组织形成方式分类

1. 正式组织

正式组织是指为了有效地实现组织目标而明确规定组织成员之间职责范围和相互关系的一种结构。正式组织主要有非自发形成、具有明确的目标、以效率逻辑为标准、具有强制性的特征。

2. 非正式组织

非正式组织是指人们在共同的工作或活动中，由于抱有共同的社会感情和爱好，以共同的利益需要为基础而自发形成的团体。其主要特征有自发性、内聚性、不稳定性和领导人物的特殊作用。

（三）按组织的社会功能分类

1. 以经济生产为导向的组织

这类组织以经济生产为核心，运用一切资源扩大组织的经济生产能力，包括公司、工厂、银行和饭店等。

2. 以政治为导向的组织

这类组织的功能在于通过权力的产生和分配，实现某种政治目的，如政府部门的某些组织。

3. 整合组织

这类组织的功能在于通过协调各种冲突，引导人群向某种固定的目标发展，以维持一定的社会秩序，如法院、政党等组织。

4. 模型维持组织

这类组织的功能在于维持社会平衡发展，如学校、社团、教会等。

（四）按照组织对其内部成员的控制方式分类

1. 强制型组织

这类组织用高压和威胁等强制性手段控制其成员，如监狱等。

2. 功利型组织

这类组织主要以金钱或物质的媒介作为手段，来控制其所属成员，包括各种工商组织。

3. 正规组织

这类组织主要以荣誉鼓励的方式管理组织成员，且组织的工作比较规范，如政党、机关、学校等。

（五）按组织目标与受益者的关系分类

1. 互利组织

这类组织的一般成员都可在其中获得某种方便和实惠，如互助团体、会员制俱乐部等。

2. 服务组织

这类组织为社会大众服务，使大众得到益处，如医院、大学、福利机构等。

3. 实惠组织

这类组织的所有者或经理等主要管理人员能得到实惠，如公司、银行、工厂等。

4. 公益组织

这类组织指为社会上的所有人服务的组织，如警察机关、行政机关和军队等。

三、组织工作的任务

组织工作是把组织成员组合起来，以有效地实现组织既定目标的过程。在组织的目标确定之后，为保证组织目标顺利地实现，组织就必须制定并保持一种职务系统，并将各类任务交由合适的人选来负责完成，使组织中的每一个成员清楚自己在集体工作中应有的作用以及相互之间的关系，使他们能十分有效地在一起工作。只有这样，组织才能高效率地运行。

这个过程一般包括以下活动内容：①根据组织目标的要求建立一套与之相应的组织机构；②明确规定各部门的职权关系；③明确规定各部门之间的沟通渠道与协作关系；④在各个部门之间合理地进行人员调配；⑤根据企业环境的变化和组织战略的发展对组织结构进行变革。

相应地，组织工作职能主要包括以下四个方面：

（1）组织设计。组织设计是指以组织机构安排为核心的组织系统设计活动，主要包括工作划分与整合、管理层次与管理幅度的设计、确定职权关系等。

（2）组织运行。组织运行就是执行组织所规定的功能的过程，如制定部门的活动目标和工作标准、办事程序和办事规则，建立监察和报告制度，具体开展各种管理活动等，通过组织发挥功能，最终实现组织的目标。

（3）人员配备。人员配备根据因事设职、因职择人、量才使用的原则，为每一个工作岗位部门配备最适当的人选，同时也为每一个人找到最适合的岗位。

（4）组织变革。组织变革是组织为适应内外环境和条件的变化，对组织的目标、结构及组成要素等适时地进行各种有效调整和修正，以促进组织的自我完善和自我发展的活动。

组织工作职能具有以下一些特点：

（1）组织工作是一个过程。设计、建立、维持一种合理的组织结构，是为成功地实现组织目标而采取行动的一个连续的过程。

（2）组织工作是动态的。通过组织工作建立起来的组织结构不是一成不变的，而是随着组织内、外部因素的变化而变化的。随着社会的进步，原有的组织结构已不能高效地适应实现目标的要求时，也需要进行组织结构的调整和变革。

（3）组织工作应重视非正式组织。在组织工作职能的实施过程中，随着组织结构的建立，一个正式组织就形成了。组织成员在感情相投的基础上，由于现实观点、爱好、兴趣、习惯、志向一致而会自发形成非正式组织关系。非正式组织在满足组织成员个人心理和情感需要上，比正式组织更有优越性。所以，在组织工作中，管理者应发挥非正式组织的凝聚作用，在组织工作中有意识、有计划地促进某些具有较多积极意义的非正式组织的形成和发展。

第二节 组织结构的类型

一、组织结构的内容

组织结构是组织内的全体成员为实现组织目标，在管理工作中进行分工协作，通过职务、职责、职权及相互关系构成的结构体系。组织结构本质是成员间的分工协作关系。组织结构具体包括以下内容：

（一）职能结构

即完成组织目标所需的各项业务工作及其比例和关系。如一个企业有经营、生产、技术、后勤、管理等不同的业务职能。各项工作任务都为实现企业的总体目标服务，但各部分的权责关系不同。

（二）层次结构

即各管理层次的构成，又称"组织的纵向结构"。例如，公司结构的纵向层次大致可分为"董事会——总经理——各职能部门"；而各部门下边设基层部门，基层部门下边又设立班组。这样形成了一个自上而下的纵向的组织结构层次。

（三）部门结构

即各管理或业务部门构成，又称"组织的横向结构"。如企业设置生产部、技术部、营销部、财务部、人力资源部等职能部门。

（四）职权结构

即各层次、各部门在权力和责任方面的分工及相互关系。如董事会负责决策，经理负责执行与指挥；各职能层次、部门之间的协作关系、监督与被监督关系等。

二、组织结构的类型

(一) 直线制组织结构

直线制组织结构是最早使用且最为简单的一种结构，也是一种低部门化、宽管理跨度、集权式的组织结构形式。其特点是组织中各职位按照垂直系统直线排列；各级行政领导人执行统一指挥和管理职能；不设专门的机构。

这种组织结构设置简单、职责分明、沟通方便、反应敏捷、便于统一指挥和集中管理。它的主要缺点是缺乏横向的协调关系，高度集权导致信息停滞在高层，难以适应组织的扩大需要。另外，依靠个人决策具有风险性，领导者决策失误可能会对这种组织造成非常沉重的打击。

因此，这种组织结构只有在企业规模不大，员工人数不多，生产和管理工作比较简单的情况下才适用。一般在组织规模扩大以后，组织结构会做出改变，使组织具有专门化和正规化的特征。

(二) 职能制组织结构

职能制组织结构，是一种以工作为中心进行组织分解的结构，组织从上至下按照相同的工作方法和技能将各种人与活动组织起来。职能制组织结构的特点是通过工作专门化，制定非常正规的制度和规则；以职能部门划分工作任务；实行集权式决策，管理跨度狭窄；通过命令链进行决策，以此来维持组织经营活动的顺利运转。

职能制组织结构的优点在于：

(1) 它使相同专业的员工一起工作，并共享设施，有利于提高部门内部规模经济效益，避免人力资源和物质资源的重复配置。

(2) 通过职能制结构，员工被安排从事一系列部门内部的职能活动，从而使知识和技能得到巩固和提高，有利于为组织提供更有价值深度的知识。

(3) 该结构有利于员工发挥自己的职能专长，对员工具有一定的激励作用。

其主要不足在于：

(1) 这种结构使决策堆积于高层，高层管理者不能快速做出反应，部门间横向协调也比较困难，从而导致企业对外界环境的变化反应太慢，不利于企业满足顾客迅速变化的要求。

(2) 各部门由于过分追求职能目标，而对组织目标认识有限，不利于培养管理人才。

这种结构通常在只有单一型产品或少数几类产品的企业面临相对稳定的市场环境时被采用。

（三）直线职能制组织结构

直线职能制组织结构是将直线制和职能制结合起来形成的。这种结构的特点是以直线为基础，在各级行政负责人之下设置相应的职能部门，分别从事各种专业管理，作为该级领导者的参谋；采取主管统一指挥与职能部门参谋、指导相结合的组织结构形式。职能部门拟订的计划、方案以及相关指令，统一由直线领导者批准下达，职能部门无权直接下达命令或进行指挥；各级行政领导人逐级负责，高度集权。

直线职能制组织结构的优点在于，它既保持了直线制的集中统一指挥，又吸收了职能制发挥专业管理的长处，从而提高了管理工作的效率。

其缺点在于：

（1）权力集中于最高管理层，下级缺乏必要的自主权。

（2）各参谋部门与指挥部门之间的目标不统一，各职能部门之间的横向联系较小。

（3）信息传递路线较长，反馈较慢，较难适应环境变化，实际上是典型的"集权"管理的组织结构。

这种结构适用于规模不大、经营单一、外部环境比较稳定的组织。目前我国很多组织都采用这种组织结构形式。

（四）事业部制组织结构

事业部制组织结构以生产目标和结果为基准来进行部门的划分和组合，是一种分权的组织形式。采用这种结构形式的组织，可以针对单个产品、服务、产品组合、主要工程或项目、地理分布，以及商务或利润中心等来组织事业部。它的主要特点是"集中政策，分散经营"，即在集权领导下实行分权管理，每个事业部都是独立的核算单位，在经营管理和战略决策上拥有很大的自主权，各事业部经理对部门绩效全面负责。总公司只保留预算、人事任免和重大问题的决策等权力，并运用利润等指标对事业部进行控制。

这种组织结构的优点在于：

（1）能够适应快速变化的外部环境，通过清晰的产品责任和联系环节及时满足顾客的需求。

（2）各部门因具有统一的目标而便于协调和统一指挥，又因为具有经营上的自主权从而能调动各部门的积极性和主动性。

（3）各部门分权决策有利于总部高层管理人员摆脱日常行政事务的负担，集中力量来研究和制定公司的长远战略规划，也有利于培养具有整体观的高层经理人员。

它的缺点在于：

（1）事业部制结构中的活动和资源配置重复，容易失去职能部门内规模经济效益，导致组织总成本的上升和效率的下降。

（2）各事业部之间人员调动和技术交流不够顺畅，各部门常常是从本部门利益出发，容易滋长本位主义和分散主义。

（3）由于这种结构不是按职能专业来分配的，因此失去了技术专门化带来的深度竞争力。这种结构不适用于规模较小的组织，只有当组织规模较大，并且其下属单位能成为一个"完整的单位"时才适用。

（五）矩阵式组织结构

矩阵式组织结构就是把一个以项目或者产品为中心构成的组织叠加到传统的、以职能为中心构成的纵向组织之上。该结构中有两套管理体系结构，一套是为完成某一任务而设置的横向的项目系统，另一套是纵向的职能领导系统。矩阵式组织结构最主要的特点是能使产品事业部制结构和职能制结构同时得到实现，创造了双重命令链。因此，组织中的人员也具有双重性。其一，他们仍然需要对其所属的职能部门负责，职能部门的主管仍是他们的上级，这是和纵向的职能领导系统相吻合的；其二，他们又必须对项目经理负责，项目经理拥有项目职权，这又是由横向的项目系统决定的。

矩阵式组织结构的主要优点在于：

（1）双重的权力结构便于沟通与协调，可在短期内迅速完成重要任务，可适应不确定环境下复杂的决策和经常性的变革。

（2）它既保持各部门职能的独立，为职能和生产的改进提供机会，又能有效地将来自各个部门的人员组织起来，实现产品间人力资源的共享。

（3）这种结构给员工提供了获得职能技能和一般管理技能两方面技能的机会。

它的主要缺点在于：

（1）在双重权力系统之中，权力的平衡很难维持，容易造成争议和冲突，甚至争权夺利。从员工的角度来看，员工理解和适应这种模式很困难，在双重领导下可能会感到无所适从。

（2）员工需要具备良好的人际关系技能和得到全面的培训。

（3）资源管理存在复杂性。

这种组织结构适合在下述条件下使用：

（1）产品线之间存在着共享稀缺资源的压力。该类组织通常是中等规模的，拥有中等数量的产品线。在不同产品之间共享和灵活使用人员与设备方面的资源，组织有很大压力。

（2）存在着对两种或更多的重要产出的环境压力，例如对深层次技术知识（职能式结构）和经常性的新产品（事业部结构）的压力。这种双重压力意味着组织的职能和产品之间需要一种权力的平衡，为了保持这种平衡就需要一种双职权的结构。

（3）组织的环境条件是复杂且不确定的。频繁的外部变化和部门之间的高度依存，要求无论在纵向还是横向方面都要有强大的协调和信息处理能力，对环境做出迅速而一致的反应。

（六）基于团队的结构

基于团队的结构是指一种为了实现某一目标而由协作的个体组成的正式群体。当管理人员使用团队作为协调组织活动的主要方式时，其活动结构即为基于团队的结构。这种结构形式的主要特点是它打破了部门界限，能够实现迅速组合、重组和解散，促进员工之间的合作，提高决策速度和工作绩效，使管理层有时间进行战略性思考。

这种结构具有明显的优点：

（1）团队内部每个成员始终都了解团队的工作并为之负责。

（2）团队还有很大的适应性，能接受新的思想和新的工作方法。

但该结构也具有极大的缺陷：

（1）如果小组的领导人不提出明确要求，团队就缺乏明确性。

（2）它的稳定性不好，经济性也差。

（3）团队必须持续不断地注意管理。

（4）小组成员虽然了解共同任务，但不一定对自己的具体任务非常了解，甚至可能因为对别人的工作过于感兴趣，而忽略了自己的工作。

（5）该结构在培养高级管理者或检验工作成绩方面也存在明显的劣势。

基于团队的结构一般作为典型的官僚结构的补充，在一些大型组织中，基于团队的结构与职能制结构或事业部制结构结合，使组织在获得行政式机构的效率性的同时，又具有了团队结构形式的灵活性。

（七）虚拟组织

虚拟组织是一种只有很小规模的核心组织，它以合同为基础，依靠其他商业职能组织进行制造、分销营销或其他关键业务的经营活动的结构。虚拟结构虽然规模较小，但这种组织的决策高度集中；其部门化程度很低，甚至没有下属部门，但能发挥主要职能。

虚拟组织与传统的组织结构有着根本的区别。传统的组织结构具有多层次的垂直管理体系，有各自划分的职能部门，研究开发在自己的实验室内进行，产品制造在本企业下属制造厂里实施，有自己的销售网络。传统组织为保证企业的有效运作，必须雇用大批财会、销售、后勤、人力资源管理等人员。虚拟组织则不同，它要到组织外部去寻找这些资源，把各种日常业务部门推到组织外部去，把制造部门、销售网点、广告宣传等交给其他企业，跟这些企业建立伙伴关系，自己则集中精力于擅长的业务上。这种组织往往只负责产品设计、营销战略、产品质量和标准等重大问题，因此它具有很大的灵活性和反应的敏捷性。

概括起来，虚拟组织有下述特点：

（1）通过计算机网络与中间商、承包商、合作伙伴保持联络。

（2）可以把每个伙伴的优势集中起来，设计、制造和销售最好的产品。

（3）各企业为了应付市场的竞争可紧密捆绑在一起，一旦市场发生变化又可松绑，重新组合，具有很大的灵活性、机动性和反应的灵敏性。

（4）要求各企业之间彼此信任，这种信任建立在共同利益的基础上。

（5）各企业之间很难确定边界，组织的边界不是隔离的、封闭的，而是互相渗透的，合作的伙伴可以通过计算机网络互相沟通、共享信息、交流经验。

（八）无边界组织

无边界组织是指其横向的、纵向的或外部的不由某种预先设定的结构所限定或定义的一种组织设计。

组织中存在着横向、纵向和外部的边界。其中横向边界是由于工作专门化和部门化形成的；纵向边界是将员工划归不同组织层级的结果；而外部边界则是将组织与顾客、供应商及其他利益相关者分离开来的隔墙。在竞争日趋激烈的环境中，组织要想成功，就必须保持灵活性和非结构化，取缔命令链，保持合理的管理跨度，减弱组织壁垒。通用电气的前任董事会主席杰克·韦尔奇是这一理念的首创者和实践者。

完全取消边界虽然可能永远不会实现，但今天的管理者可以通过运用诸如跨职能团队和让员工参与决策等结构手段，取消组织的纵向垂直边界；通过跨职能团队以及围绕工作流程活动等方式，取消组织的横向边界；另外，可通过与供应商建立战略联盟或建立顾客与企业的基于价值链的联系来削弱或取消组织的外部边界。计算机网络化是人们超越组织边界进行交流和交易的重要技术支持。

第三节　组织文化

一、组织文化及其特征

组织文化就是指组织在长期的生存和发展中所形成的，为本组织所特有的，且为组织多数成员共同遵循的最高目标、价值标准、基本信念和行为规范的总和及其在组织活动中的反映。它的特征包括以下四方面：

（一）无形性

组织文化所包含的共同理想、价值观念和行为准则是作为一个群体的心理定式及氛围存在于组织员工中的，在组织文化的影响下，员工会自觉地按组织的共同价值观念及行为准则从事工作、学习、生活。这种作用是潜移默化的，是无法度量和计算的，因此组织文化是无形的。

组织文化是一种信念的力量，这种力量能支配、决定组织中每个成员的行动方向，能引导、推动整个组织朝着既定目标前进。

组织文化是一种道德的力量，这种力量促使其成员自觉地按某一共同准则调节和规范自身的行为，并转化为成员内在的品质，从而改变并提高成员的素质。

组织文化是一种心理的力量，这种力量能使员工在各种环境中都能有效地控制和把握自己的心理状态，使组织成员即使在激烈的竞争及艰难困苦的环境中也能有旺盛的斗志、乐观的情绪、坚定的信念、顽强的意志，因而形成整个组织的心理优势。

以上三种力量互相融合、促进，就形成了组织文化优势，是组织战胜困难、夺取战略胜利的无形力量。

组织文化虽然是无形的，但可以通过组织中有形的载体（如组织成员、产品、设施等）表现出来。没有组织，没有员工、设备、产品、资金等有形载体，组织文化便不复存在。组织文化作用的发挥有赖于组织的物质基础，而物质优势的发挥又必须以组织文化为灵魂，只有组织的物质优势及文化优势的最优组合，才能使组织获得持续性发展。

（二）软约束性

组织文化能对组织经营管理起作用，主要不是靠规章制度之类的"硬约束"，而是靠其核心价值观对员工的熏陶、感染和诱导，使组织员工产生对组织目标、行为准则及价值观念的"认同感"，自觉按照组织的共同价值观念及行为准则去工作。它对员工有规范和约束的作用，而这种约束作用总体上是一种"软约束"。员工的行为会因为合乎组织文化所规定的行为准则而受到群体的承认和赞扬，从而获得心理上的满足与平衡。反之，如果员工的行为违背了组织文化的行为准则，群体就会来规劝、教育、说服这位员工服从组织群体的行为准则，否则他就会受到群体意识的谴责和排斥，从而产生失落感、挫折感及内疚感，甚至被群体所抛弃。

（三）相对稳定性与连续性

组织文化是随着组织的诞生而产生的，具有一定的稳定性和连续性，能长期对组织员工行为产生影响，不会因日常的细小的经营环境的变化或个别干部及员工的去留而发生变化。但是，组织文化也要随组织内外经营环境的变化而不断地充实和变革，封闭僵化的组织文化最终会导致组织在竞争中失败。在我国经济体制改革过程中，由于企业内外环境及企业地位等发生了重大的变化，企业文化中如价值观、经营哲学、发展战略等都会发生很大的变化，如果企业仍然抱残守缺，不肯变革，终究会走上破产的道路。因此，在保持组织文化相对稳定的同时，也要注意保持组织文化的弹性。及时更新、充实组织文化，是保持组织活力的重要因素。

（四）共性与个性

组织文化是共性和个性的统一体，各国组织大多都从事商品的生产经营或服务，都有其必须遵守的共同的客观规律，如必须调动员工的积极性，争取顾客的欢迎和信任等，因而其组织文化有共性的一面。另外，由于民族文化和所处环境的不同，其文化又有个性的一面，如美国的组织文化、日本的组织文化和中国的组织文化。同一国家内的不同组织，其组织文化有共性的一面，即由同一民族文化和同一国内外环境而形成的一些共性，但由于其行业、社区环境、历史特点、经营特点、产品特点和发展特点等不同，必然会形成组织文化的个性。组织文化只有具有鲜明的个性，才有活力和生命力，才能充分发挥组织文化的作用。

二、组织文化的结构

（一）组织文化的内容

1. 组织的最高目标或宗旨

组织的存在，都是为了某种目标或追求。企业是一个经济实体，必须获取利润，但绝不能把盈利作为企业的最高目标或宗旨。企业经营实践证明，单纯把盈利作为最高追求，往往适得其反。纵观世界上比较优秀的组织，大都是以为社会、顾客、员工等服务作为最高目标或宗旨的。

2. 共同的价值观

所谓价值观就是人们评价事物重要性和排列优先次序的一套标准。组织文化中所谓的价值观是指组织中人们共同的价值观。共同的价值观是组织文化的核心和基石，它为组织全体员工提供了共同的思想意识、信仰和日常行为准则，这是组织取得成功的必要条件。因此，一般优秀的组织都十分注意塑造和调整其价值观，使之适应不断变化的经营环境。优秀企业的价值观大致包括以下内容：

（1）向顾客提供一流的产品和服务，顾客至上。

（2）组织中要以人为中心，要充分尊重和发挥员工的主人翁精神，发挥员工的主动性、积极性和创造性。

（3）强调加强团结协作和团队精神。

（4）通过提倡和鼓励创新来谋求组织发展。

（5）追求卓越的精神，这是创造一流产品、一流服务的价值观的基础。

（6）诚实和守信，这是企业经营的道德观念。

3. 作风及传统习惯

作风和传统习惯是为达到组织最高目标的价值观念服务的。组织文化从本质上讲是员工在共同的工作中产生的一种共识和群体意识，这种群体意识与组织长期形成的传统作风关系极大。

4. 行为规范和规章制度

如果说组织文化中的最高目标和宗旨、共同的价值观、作风和传统习惯是软件的话，那么行为规范和规章制度就是组织文化中的硬件部分。硬件要配合软件，才能使组织文化得以在组织内部贯彻。

5. 组织价值观的物质载体

诸如标识、环境、包装及纪念物等，这些属于组织文化硬件的另一部分。

（二）组织文化结构

组织文化的结构大致可分为三个层次，即物质层、制度层和精神层。

1. 物质层

这是组织文化的表层部分，是形成制度层和精神层的条件，它能折射出组织的经营思想、经营管理哲学、工作作风和审美意识。对于一个生产性企业来说，它主要包括四个方面：

（1）企业面貌。

企业的自然环境，建筑风格，车间和办公室的设计及布置方式，工作区和生活区的绿化、美化，企业污染的治理等，都是企业的文化反映。

（2）产品的外观和包装。

产品的特色、式样、品质、牌子、包装、维修服务及售后服务等，是组织文化的具体反映。每个企业只有具有自己独特的产品时，才能吸引一部分具有特殊需求的顾客。如果产品特点不突出，就要靠其他因素，如包装、价格、销售地点及服务等吸引顾客。

（3）技术工艺设备特性。

设备指企业的机器、工具、仪表、设施，是企业的主要生产资料。任何一个具体的设备，都与一定的技术和工艺相关。技术工艺设备和原材料，是维持企业正常生产经营活动的物质基础，也是形成企业生产经营个性的物质载体。一定的技术工艺设备，不仅是知识和经验的凝聚，也往往是管理哲学和价值观念的凝聚。因此，企业的技术工艺设备的水平、结构和特性可以折射出该企业组织文化的个性色彩。

（4）纪念物。

组织在其环境中建立的一些纪念建筑、石碑、纪念标牌等，在公共关系活动中送给客人的纪念画册、纪念品、礼品等，它们都是组织理念的载体，是组织塑造形象的工具。

2. 制度层

这是组织文化中间层次，又称"组织文化的里层"，主要是指对组织员工和组织行为产生规范性、约束性影响的部分，它集中体现了组织文化的物质层及精神层对员工和组织行为的要求。制度层主要是规定了组织成员在共同的工作活动中所应当遵循的行动准则，主要包括以下四个方面：

（1）工作制度。

这是指领导工作制度、技术工作计划管理制度、生产管理制度、设备管理制度、物资供应管理制度、产品销售管理制度、经济核算及财务管理制度、生活福利工作管理制度、劳资人事管理制度及奖惩制度等，这些成文的制度与厂规厂法，对组织员工的思想和行为起着约束作用。

（2）责任制度。

这是指组织内各级组织、各类人员工作的权力及责任制度，其目的是使每个员工、每个部门都有明确的分工和职责，使整个组织能够分工协作，井然有序地、高效率地工作。责任制度主要包括领导干部责任制、各职能机构及职能人员责任制以及员工岗位责任制等。

（3）特殊制度。

这主要是指组织的非程序化制度，如员工民主评议干部制度、"五必访"（员工生日、结婚、死亡、生病、退休时干部要访问员工家庭）制度、员工与干部对话制度及庆功会制度等。

（4）特殊风俗。

组织特有的典礼、仪式、特色活动，如生日晚会、周末午餐会、厂庆活动及内部节日等。

3. 精神层

精神层又称"组织文化的深层"，主要指组织的领导和员工共同信守的基本信念、价值、职业道德及精神风貌。它是组织文化的核心和灵魂，是形成组织文化的物质层和制度层的基础和原因。组织文化中有没有精神层是衡量一个组织是否形成了自己的组织文化的主要标志和标准。

组织文化的精神层包括以下五个方面：

（1）组织经营哲学。

它是组织领导者为实现组织目标在整个生产经营管理活动中的基本信念，是组织领导者对组织生产经营方针、发展战略和策略的哲学思考。只有以正确的组织经营哲学为基础，组织内的资金、人员、设备等才能真正发挥效力。有了正确的组织经营哲学，处理组织生产经营管理中发生的一切问题才会有一个基本依据。组织经营哲学的形成，是由组织所处的社会经济制度及周围环境等客观因素所决定的，同时也受组织领导人的人文修养、科学知识、实践经验、思想方法、工作作风及性格等主观因素的影响。组织经营哲学是在长期组织活动中自觉形成的，并为全体员工所认可和接受，具有相对的稳定性。

（2）组织精神。

它是组织有意识地在员工群体中提倡、培养的优秀价值观和良好精神风貌，是对组织现有的观念意识、传统习惯、行为方式中的积极因素进行总结、提炼及倡导的结果，是全体员工有意识地在实践中所体现出来的。因此，组织文化是组织精神的源泉，组织精神是组织文化发展到一定阶段的产物。

（3）组织风气。

所谓风气不是个别人、个别事、个别现象，只有形成了带普遍性、重复出现和相对稳定的行为心理状态，并成为影响整个组织生活的重要因素时，才具有"风"的意义。一个组织的组织风气一般有两层含义，第一层是指一般的良好风气，例如开拓进取之风、团结友爱之风、艰苦朴素之风、顽强拼搏之风等；第二层是指一个组织区别于其他组织的独特风气，即在一个组织的诸多风气中最具特色、最突出和最典型的某些作风，它是组织在长期生产经营活动中形成的，体现在组织活动的各个方面，形成全体员工特有的活动样式，构成该组织的个性特点。

组织风气是约定俗成的行为规范，是组织文化在员工的思想作风、传统习惯、工作方式及生活方式等方面的综合反映。组织风气是组织文化的外在表现，组织文化是组织风气的本质内涵。组织风气所形成的文化氛围对一切外来信息有筛选作用。同样一种不良的社会思潮，在组织文化贫乏、组织风气较差的组织，可能会造成劳动积极性下降、人际关系紧张、凝聚力减弱、离心力加大等灾难性后果；而在组织文化完善、组织风气健康的组织，则全体成员可能不会受其影响而会与组织同呼吸共命运，同舟共济，战胜困难，共渡难关。

（4）组织目标。

它是组织生产经营发展战略的核心，有了明确的组织目标，就可以发动群众，提高广大员工的主动性、积极性、创造性，使员工将自己的岗位工作与实现组织奋斗目标联系起来，这样组织的管理工作就有了坚实的群众基础。因此，组织目标是组织成员凝聚力的焦点，是组织共同价值观的集中表现，也是组织对员工进行考核和奖惩的主要标准，同时又是组织文化建设的出发点和归宿。组织长远目标的设置是防止其出现短期行为的有效手段。

（5）组织道德。

道德指人们共同生活及其行为的准则和规范，组织道德是指组织内部调整人与人、单位与单位、个人与集体、个人与社会以及组织与社会之间关系的准则和规范。

制度与道德都是行为准则和规范，但制度是强制性的行为准则和规范，而道德是非强制性的行为准则和规范。前者解决是否合法的问题，后者解决是否合理的问题。道德的内容包括道德意识、道德关系和道德行为三部分。道德意识是道德体系的基础和前提，它包括道德观念（人们的善与恶、荣与辱、得与失、苦与乐等观念）、道德情感（人们基于一定的道德观念，在处理人际关系和评价某种行为时所产生的隐恶扬善的感情）、道德意志（人们在道德观念和道德情感的驱使下形成的实现一定道德理想的道德责任感和克服困难的精神力量）和道德信念（人们在道德观念、道德情感、道德意志基础上形成的对一定道德理想、目标的坚定信仰）；道德关系是人们在道德意识支配下形成的一种特殊的社会关系；而道德行为是人们在道德实践中处理矛盾、冲突时所选择的某种行为。组织道德就其内容结构上看，主要包含调节成员与成员、成员与组织、组织与社会三个方面关系的行为准则和规范。作为微观的意识形态，它是组织文化的重要组成部分。

组织文化的物质层、制度层和精神层三者紧密相连，物质层是组织文化的外在表现，是制度层和精神层的物质基础。精神层则制约和规范着物质层及制度层的思想基础，也是组织文化的核心和灵魂。

三、组织文化的功能

组织文化功能是指作为一个经营管理因素的组织文化对组织生存发展的作用和影响。组织文化具有导向、激励、凝聚、融合、规范、守望和辐射等功能。

（一）导向功能

组织文化的导向功能是指它对组织行为的方向所起的指引、诱导和坚定的作用。国内外优秀的组织都有明确而坚定的组织方向。它们不论在组织顺利、成功时，还是在组织环境恶劣时，都不会失去前进的方向。它们之所以能够这样，是因为有强大的组织文化导向。

1. 组织文化能够指引组织方向

它以高度概括、富有哲理性的语言来明示组织目标，并铭刻在员工的心里，成为其精神世界的一部分。因此，即使组织在发展道路上出现障碍，内化在员工心里的远大的组织目标也不会模糊。

2. 组织文化能够诱导组织方向

组织文化可以把员工个人行为吸引到组织目标上来。组织员工队伍的构成是复杂的，员工不仅有年龄、性别、学历、经历、政治及宗教信仰的不同，而且有着体力、智力、气质和性格方面的差异。因此，他们的个人工作动机和目标也存在着区别。如果组织没有统一目标的吸引，让每个人各行其是，那么组织就会失去正确一致的行动方向。这个统一的有吸引力的目标，就是组织文化所提供的被广大员工所认同的组织目标。组织目标本身是吸引员工行动的诱因，员工放弃个人目标，把组织目标作为自己的目标，并努力奋斗，本身就会获得心理满足。

3. 组织文化能够坚定组织方向

每个组织的发展道路都不是一帆风顺的。宏观社会经济和政治形势的变化、市场竞争、领导决策失误以及重大偶发事件等都会影响组织的发展，给组织带来困难和危机。如果组织缺乏一种强文化的鼓舞，人们就会丧失信心，甚至会放弃既定的组织目标；或者在困难压力下，在严峻的挑战面前，忘记组织的发展方向，做出有违组织既定方向的选择。相反，那些文化强大、文化素质优异的组织，会把困难作为锻炼，把压力变为动力，把挑战当作机会，锐气不减，士气日益高昂。

（二）激励功能

组织文化的激励功能是指组织文化对强化员工工作的动机，激发员工工作的主动性、积极性和创造性所发生的作用。激励分为外激励与内激励两种。外激励是指靠外部的力量，如压力和物质的吸引力，去加强员工的工作动机。这种激发力是有限的。它可能只对一部分员工有效，而对另一些员工无效。外激励只能维持一般的工作效率，维持组织的正常运转，而不能开拓工作的新局面，大幅度提高工作效率。国外有的学者把外激励称作"维持型激励"，把外激励因素称作组织的"保健卫生性因素"。

与外激励不同的内激励，又叫"自我激励"，是指靠员工内在的目标、信念、兴趣和偏好等因素去强化人们的工作动机，激励人们的工作干劲。这种激发力是无限的，它不需要事事都用物质刺激，一般情况下，人们都会自觉履行职责，严格要求自己。内激励会使员工保持高度的自觉、自动，从而会极大地发挥出自己的体力、智力和才干。国外有的学者把内激励称作"真正的激励"，把内激励因素称作"激励因素"，其道理就在于此。

员工工作动机的激励与其需要的满足有关。员工的需要不仅仅是物质需要或生理需要，它还有社会的需要和精神的需要。单靠物质力量激励的外激励，其激发力是有限的，只有充分开发能广泛满足人们社会需要和精神需要的事物，才能提高组织的激励效果，增强对员工工作动机的激发力。

1. 组织文化提供良好的心理环境

组织文化使员工享受到精神的满足和快乐，从而会激发其努力工作。在一个良好的心理环境里，人们一般都崇尚精神的价值，注重信念的力量；身处良好精神文化环境中的员工，尤其会感到精神满足价值的分量。

2. 组织文化提供良好的人际交往环境

组织文化使员工获得社交需要和尊重需要的满足，从而会强化其在组织团体中努力工作的动机。在一个良好的人际环境里，人们之间相互理解，彼此尊重，身处家庭般温暖环境中的组织员工，会倍加珍惜这种环境，把自己的一切归属于组织。

3. 组织文化提供利于创新的环境

创新是组织生命力和竞争力的源泉。创新的基础在于充分发挥员工求新求变的首创精神。具有优秀组织文化的组织，总是鼓励、支持和表彰员工的创造性，并千方百计地为员工的创造活动提供方便条件。

（三）凝聚功能

组织文化的凝聚功能是指组织文化对组织的团结和组织对员工的吸引所起的促进作用。任何一个优秀的组织都有很高的凝聚力。高凝聚力主要表现在三个方面：其一，整个组织是团结的，即组织与团体、团体与团体之间的关系是和谐亲密的；其二，组织对团体、团体对员工个人具有很强的吸引力；其三，员工对团体和组织有很强的认同感、依赖感和向心力。优秀组织之所以能把若干团体及个人凝聚在一起，是因为它有强大的组织文化。

1. 组织文化为增强组织凝聚力提供了坚实的精神基础

没有坚实的精神基础，全部团体和广大员工无法长期凝聚在组织内。物质利益的结合可能会暂时把人们笼络在一起，但它经不住时间的考验。随着时间的推移，利益的冲突会使人们分道扬镳。只有以精神为基础的结合，才能使人们凝聚在一起，形成一个坚强的命运共同体。组织文化正是组织团结的精神基础，赋予人们以共识和同感。所谓共识是指人们对事物的共同认识；所谓同感是指人们对事物的共同感受和体验。共识和同感是人们行为一致的前提。在组织生活中，人们只有形成共识和同感，才能顺利沟通，相互理解，彼此合作，减少误解和冲突引起的离心力。

2. 组织文化为解决组织内部的冲突提供了准则

组织由团体组成，而团体由个人组成。无论哪种结构的组织内部都会出现这样或那样的矛盾和冲突，如团体与组织间的矛盾和冲突，团体与团体间的矛盾和冲突，团体与个人及个人与个人间的矛盾和冲突等。对一个组织来说，矛盾和冲突是不可避免的，也是极其自然的，但不一定都是有害的。及时而正确地解决这些矛盾和冲突，促使其向有利方向转化，便会成为组织进步和团结的契机。但是，这并不是件容易的事情。许多具有强大文化传统的优秀组织，矛盾和冲突一般都解决在萌芽之际，控制在极小的范围内，很少需要高层领导人出面正式直接协商、调停和仲裁。即使有些矛盾和冲突摆到组织负责人面前，他们也一般以非正式方式处理，而不轻易诉诸权力的影响，避免损害矛盾和冲突双方的感情，削弱组织的凝聚力。

3. 组织文化为员工提供了多方面的心理满足

组织文化增强了组织对员工的吸引力和员工对组织的向心力。吸引力和向心力问题，归根结底是需要的满足问题。组织给员工的满足越多，员工对组织越满意，则组织对员工的吸引力就越大，员工对组织的向心力就越强。组织给员工的满足与组织对员工的吸引力及员工对组织的向心力的关系，是正比关系。而要给员工以更多的满足，不应局限于钱和物质的满足，更重要的还有精神和心理的满足。

（四）融合功能

组织文化的融合功能可以把组织内部的各个不同团体，从文化上整合成一个共化为本组织文化的团队；也可以使组织内部的各个团体和个人都达到文化的同质化，从而使组织更加团结。

企业组织内的各个团体都有丰富多彩的团体文化，一方面丰富了组织文化，保证了整个组织职能的完备；但另一方面也构成了组织内部矛盾和冲突产生的条件。要达到团体之间及团体与组织之间的共识和同感，则必然要依托强大的组织文化。只有用组织这个大集体的文化，才能整合各个具有小文化的团体，保证整个组织在文化上的同质和统一。组织中的个人文化，大体有两种情形：一是新员工，包括成批招聘和个别调来的员工的异质文化倾向；二是虽为老员工，但由于接受了别的文化的影响，而表现出的异质文化倾向。异质文化的涌进，不论其价值如何（异质文化可能是先进文化），总会构成组织内部的矛盾和冲突，不利于组织的团结统一。解决个人文化问题的关键在于组织文化的强弱。强大的组织文化对个人文化能起到同化作用。

（五）规范功能

组织文化的规范功能是指按照一定行为准则对员工行为所起的规范和约束作用。从某种意义上说，组织文化是一种规范性文化。所谓规范性文化是指影响员工并已形成行为规范的文化。构成这种文化的内容有两种：一种是观念性文化，包括人们的价值观、信仰、道德、习俗及礼仪等，它教人们按照这些观念选择符合要求的行为；另一种是制度文化，包括正式组织所制定的法规、纪律、守则等，它强制人们按照这些法规选择符合要求的行为。

（六）守望功能

组织文化对其自身有守望功能，对外部文化有辐射功能。守望功能也可以称作"防守功能"。组织文化有维持自身基本价值观纯洁性、连续性和一贯性，防止外部文化干扰、渗透的功能，这种功能就是守望或防守功能。组织外部的文化氛围是极其复杂的，不仅有直接规定组织文化的社会大文化，而且还有同样受社会大文化影响并对组织文化发生作用的各种样式的小文化。这些异质文化信息将会通过各种媒体传播到组织中，有些被组织文化所吸收、同化，有些还可能构成组织文化新的积累过程的契机，而有些则同组织文化相矛盾、相冲突，构成组织文化的危机。面对种种异质文化的包围，一种强大的组织文化要保持自己的文化个性，就会对异质文化采取防范、抵制、封闭、排斥的态度，并做出以下具体的文化反应：

（1）挑剔、贬低、批判异质文化，以消除它对组织成员的同化影响。

（2）弘扬本组织文化传统，促使员工对其再认同。

（3）加强对组织内部文化异己力量的控制，使其陷入孤立无援的状态。

（4）在维持本组织基本价值观的前提下，有选择地吸收异质文化元素，补充和丰富本组织文化。

强大的组织文化之所以能够对自身实现守护功能，是因为它具有强文化传统，有凝结文化价值意识的作风，有化风为俗的文化习俗和礼仪。它具有一整套从态度到行为的固定的文化模型。没有这套固定的文化模型，组织文化是难以有效抵制异质文化的干扰、渗透，保持自己文化的个性和纯洁性的。

（七）辐射功能

组织文化的辐射功能是指组织文化向外部扩散，同化异质小文化，影响社会大文化的功能。强文化组织的文化信息容易传播出去，传播信息的具体渠道如下：

（1）大众传播媒介以新闻报道、经验介绍、文学传记等形式，把强文化企业的信息传递读者、听众、观众。

（2）企业的产品、质量和服务承载着强文化的信息，并传递给广大顾客与用户。

（3）广大员工通过各自的社会关系、交际圈子，把本组织的文化信息非正式地传播到各个角落。

（4）参观者、考察者和旅游者把捕捉到的组织文化信息以各自一定的方式向相关领域传递。

强文化信息之所以能够传递、传播，是因为它有着成功的积累历程，有可供借鉴之处。如果一种组织文化本身不强大，又无特色，只是人为地想在社会、在同行业中传播，即使大张旗鼓地宣传，也难以被别人接受和认同。

四、组织文化的塑造

组织文化的塑造是一项非常复杂的系统工程，其中价值观念的培养是一个微妙的心理过程。组织成员在个性、气质、文化修养和社会背景等方面存在着很大的差异，在复杂多样的个体中形成一种共同的价值观念，除了需要创造必要的条件外，还要有一个很长的过程。组织文化的塑造过程可以分为以下五个阶段：

（一）分析内外因素，选择价值标准

一个组织选择什么样的价值标准作为形成组织文化的基础，这是建设组织文化的首要问题。一般来说，一个组织在选择价值标准时应考虑下列因素：

1. 组织性质

组织文化因组织性质的差异而有所不同。一个组织首先要根据本身的性质选择适当的价值标准。例如，工厂可以从产品出发树立"向社会提供最优产品"的价值标准，商店则可以根据本身经营特点提倡"顾客至上，一切为顾客服务"的价值标准。实际上，这就是制定组织的最高目标。

2. 组织的成员及其构成

不同类型的人以及他们的组合方式都会影响组织文化的形成。每个人在进入组织成为组织一员以前，大都已经形成了自己的价值观念，个人的价值观与组织的价值观是相容、互补还是互斥，这些关系错综复杂，直接影响到组织的价值标

准能否为每个成员所接受。组织成员在组织中的地位以及与上下左右之间的关系也很重要，影响力大以及人际关系好的成员对组织文化形成的作用就比较大。如果他们接受了组织的价值标准，就可能影响一批成员接受，从而有利于促进组织价值标准为全体成员所接受。因此，组织在选择价值标准时应认真分析研究人的因素。

3. 组织外部环境

外部环境包括政治、经济、民族、文化及法律等方面，这些因素都会影响组织成员的思想意识和行为。例如，社会政治生活的民主气氛会影响成员对组织的关心程度与一体感，社会传统文化对人们改变旧观念、接受新的价值观念的能力也有很大的影响。

总之，价值标准的选择并非由主观随意决定，只有在认真分析研究各种相关因素的基础上，才能确立既体现组织特征又为全体组织成员和社会所接受的价值标准。

（二）进行感情投资，强化职工认同

组织选定了合适的价值标准以后，就要研究如何使这一价值标准为人们所接受，并成为每个组织成员价值观念体系的有机组成部分。一个人要改变自己固有的价值观而去接受一种新的价值观，这是一个非常艰难的过程，没有相当长的时间是不可能实现的。组织文化要产生影响和发挥作用并被组织全体职工所接受，真正成为群体意识和群体行为，必须经过组织全体职工的认同。这种认同的过程，就是组织文化建设形成的过程。只有自觉忠诚的心理认同和行为认同，才能调动起组织全员的积极性和创造性，形成良好的组织文化氛围，保证组织文化建设和经营目标的实现。

组织成员的认同，是对组织自身现存文化的认同。这种认同是一个动态过程，作为组织职工既要接受认同组织优秀的传统文化，又要吸收认同不断更新的文化概念。职工的认同，首先是对组织哲学的认同，使之变为全体职工共同的价值观念，使企业家的理念变成整体的追求目标；其次是对组织精神的认同，渗透、强化自己独具特色的组织精神，坚定整个组织的精神支柱；再次是对组织道德的认同，养成良好的整体行为规范，强化组织内部的自我约束机制；最后是对组织风格的认同，塑造优良的组织风气，增强组织内部的凝聚力，优化组织的外部形象。

组织职工的认同过程，也是一个循环往复、相互作用、相互促进、相互提高的过程。通过认同，一方面要职工接受、学习和模仿组织文化；另一方面还要丰富和完善组织文化；同时也要反馈、验证和制约组织行为。所以，职工认同绝不仅仅是一个简单的放大过程。通过职工的认同，一方面会增强职工的参与意识，强化他们的主人翁责任感；另一方职工的认同反馈到企业家的思想和行为中，带来企业家精神的丰富和提高，由此形成"认同——强化——提高——再认同——再提高"的循环过程，形成组织文化建设的良性循环。

为了使组织文化得到全体职工的认同，关键是需要有某种"诱因"，提供"桥梁"和"纽带"。一般说来，主要有以下几个方面：

（1）确定目标。要明确为实现组织目标每个成员所应遵循的行为准则。组织目标要易于为大家所理解，明确奋斗的方向。这一目标应是组织价值观念的具体化。

（2）推行参与管理。应使组织成员意识到，自己就是管理主体，而非单纯的被管理者。这就可以使他们不再从个人与组织的对立状态来考虑问题，而是能够以主人翁的姿态从组织整体的角度出发处理个人与组织之间的关系，对整体利益具有一种责任感，自觉地按组织的目标校正自己的行为。因此，推行参与管理，培养成员的参与欲和主人翁责任感具有十分重要的作用。

（3）组织应重视内部非正式团体的作用。由共同兴趣爱好相吸引而自然形成的非正式小群体，它不仅可以弥补正式组织的不足之处，满足成员的一些心理需要，而且成员之间还可以互相影响，每个成员根据群体内部约定俗成的要求决定价值取向，达到"异质整合"。积极的非正式小群体直接对生产和工作起促进作用。组织内部的小群体对组织成员的约束力有时甚至比正式管理部门还强，他们直接制约着自己的成员是否接受组织的价值观。因此，组织要善于协调与非正式小团体的关系，特别是要赢得其领袖式人物的支持，引导他们接受组织的价值观，使非正式团体的作用力与组织方向一致化。

（三）领导身体力行，信守价值观念

组织文化能否建设好，关键看领导。要职工信守组织的价值观念，首先要求组织的各级领导干部具备与之相适应的素质和才能，牢牢树立"想主人翁的事，干主人翁的活，尽主人翁的责"的思想意识，并通过自己的行动向全体成员灌输组织的价值观。因为，组织领导者本身是组织价值观的化身，其模范行动是一种无声的号召，对下属成员起着重要的示范作用。

当前，我国不少企业的领导人主要依靠提供物质报酬、组织、制度和纪律来维持生产秩序，职工在外推力的作用下，心理和行为均主要表现为消极的服从，这种"实用型"的领导模式培养不出良好的组织文化。而另一种被称为"规范型"的领导模式，是以企业领导人素质、价值观念的自然影响力为前提的，它通过潜移默化，使职工在内驱力的作用下，心理和行为表现为心悦诚服，主动进取。

为此，要建设好组织文化必须做到以下几点：

（1）注意抓好领导干部队伍的思想建设、组织建设和作风建设。只有干部具有组织价值观，才会以较高的思想境界和模范的实际行动去带动职工群众，从而产生强大的影响力、号召力和推动力，为组织文化的培养提供榜样。

（2）培养"规范型"的领导人，使"实用型"的领导向"规范型"转化。这需要实际锻炼，更需要计划培训，这属于我国经济管理中的战略问题。

（3）领导者必须加强自身修养，发挥其应有的作用。首先，领导者要坚定信念；其次，要在每一项工作中体现企业价值观；再次，领导者要注意与下层成员的感情沟通，重视感情的凝聚力量。领导者与职工是平等的，但领导者又要在道德风貌、行为准则上高于一般职工。他们既是"严师"，又是"益友"，要与职工真正成为"同志加兄弟"、"亲密的伙伴"，以平等、真诚、友好的态度对待下属成员，取得他们的信任。感情上的默契会使领导者准确地预见周围世界对自己行动的反应，形成一种安全感；对下属来说，则会产生"士为知己者用"的效果。

（四）积极强化行为，巩固价值观念

人类价值观念的形成是一种个性心理的累积过程，这不仅需要很长的时间，而且需要不断地强化。人的合理行为，只有经过强化并予以肯定，才能再现，进而成为习惯稳定下来，从而使指导这种行为的价值标准转化为行为主体的价值观念。因此，对符合组织价值标准的行为要不断强化，给予肯定。在对行为实施强化时，要注意以下几点：

（1）应具有针对性，使被强化者能从中体会到更深、更广的意义。例如，合理行为被肯定也就是得到了社会的承认，被强化者便有一种成就感，激励他继续这种行为。

（2）应考虑反馈的获得，也就是预测强化的效果。反馈具有一种导航功能，它能够指示强化效应反映强化的行为，从而保证强化的效果。

（3）注意强化的时效性，要及时强化，这样才能给人以深刻的印象。对经常出现的行为还要定期强化，以提高行为的反应频率，使之最终成为习惯性行为。

（4）强化手段的选择要因人而异，强调精神鼓励和物质鼓励以及两者相结合，这涉及强化手段的运用技巧。不能片面地重视物质手段的运用，这毕竟只能满足人的低层次需要。因此，必须重视精神手段的运用，否则不可能产生持久的强化效果。精神的力量不仅会影响一个人的现在，而且对他的将来也会产生深远的影响。行为得到不断强化而稳定下来，人们就会自然地接受指导这种行为的价值准则，从而使组织的价值观念为全体成员所接受，形成组织文化。

（五）适应环境变化，发展组织文化

组织文化并不是一成不变的，而应随着组织内外部环境的变化不断地发展和完善。当一种组织文化形成时，它反映了组织成员的动机和想象；随后建立起来的有关制度和工作程序，提供了这个组织获得成功所必不可少的行为方式。但是，这种文化是以开始的条件为基础的，随着组织的发展和条件的变化，原有的组织文化就可能会与客观环境的需要不适应。这时，领导者就要及时地予以发展和完善。在一定条件下，甚至完全摒弃旧文化，重新创造组织文化。但由于价值观念的更新是一个艰难的过程，而且需要很长的时间，因此，应尽量避免完全重建，最好是逐步发展和完善。在这一过程中，要做到以下几点：

（1）要发动组织全体人员参加。价值观念是人们经过长时期累积而成的，已成为人们稳定的心理状态。因此，只有发动全员参加，才能获得成功。

（2）要从制度上予以支持。发展和完善组织文化，要求人们改进行为方式。这可以从制度入手，对期望产生的行为予以积极强化，鼓励这种行为的再生；而对需要改变的行为则进行负强化，以减弱和消除这种行为。

（3）领导者要积极推动变革。他们可以通过推行参与管理、加强信息沟通等方式来加速组织成员观念的转变过程。当然，必要时也可以采取强制性措施来推行变革，这取决于外部环境的变化程度。如果外部环境变化剧烈，组织成员一时又难以接受新的价值观念，在这种应急情况下，组织领导者也可以强行变革，以保证组织对外界的适应能力。

组织文化的塑造是一项复杂的系统工程，应从塑造途径进行整体规划、分步实施，循序渐进地逐步推进；同时组织文化的成功塑造还必须要有组织领导者的支持和相关配套措施的落实。领导者是组织文化建设的倡导者，领导者的高度重视是组织文化建设的前提。只有在领导者重视和理解组织文化建设的重大意义的

基础上，才能获得员工的理解和配合，才能切实地把组织文化塑造工作深入推行下去。为了贯彻组织文化，应设立专门的职能部门，如组织文化中心等部门专门负责组织文化建设工作的进行。在确立了目标组织文化之后，应根据计划将财务、人员配置、考核、待遇、激励和约束机制等完善地建起来，从而形成整套优良的组织文化。

第四节 人员配备

一、人员的配备程序

（一）人员配备的原则

人员配备是组织设计工作的逻辑延续，其主要内容和任务是通过分析人与事的特点，谋求人与事的最佳组合，实现两者的不断协调发展。

人员配备即是为组织的每个职位或岗位配备适当的工作人员，这项工作不仅要考虑到满足组织任务目标的需要，还应关注组织成员个人的特点、爱好和动机，以便为每个人安排适合个人的工作。人员配备工作的任务，可从组织和个人这两个角度去考察：一是从组织需要的角度出发，人员配备必须能够保证组织各个岗位都有合适的人员，注意组织后备管理人员队伍的建设，建立起员工对组织的忠诚感；二是从组织成员个人的角度出发，人员配备应力求使每个人的知识和能力得到公正的评价、承认和运用，使每个人的知识、能力和素质在工作中得到不断的发展和提高。

为保证组织中人与事的优化组合，在人员配备的过程中必须依照以下原则：

1. 优化原则

优化原则是通过科学选聘，合理组合，实现人员配备的最优化。这可以从以下几个方面着手实现：

（1）因事择人。根据岗位的要求，选择具备相应知识和能力的人到合适的岗位上工作，保证工作能够有效地完成。

（2）因才使用。要求根据组织成员的不同特点来安排工作，以使每个人的潜能得到充分的发挥。

（3）动态平衡。要求能以发展的眼光看待人与事的配合关系，能不断根据情况变化进行及时恰当的调整以实现人与工作的动态平衡与最佳的配合。

2. 激励原则

激励原则是通过人员配置，最大限度地调动人的积极性和创造性。一方面，上级应充分信任下级，通过授权，使下级充分发挥自己的才华；另一方面，将奖励与贡献紧密挂钩，使物质奖励与精神奖励结合起来，调动员工的工作积极性。

3. 开发原则

开发原则要求在人员配置和使用的过程中，通过各种形式的培训与学习，不断提高员工的素质，最大限度地发挥员工的潜能。

（二）人员配备的程序

1. 确定人员需要量

人员配备的工作首先是确定人员需要量。人员需要量的确定主要以设计出的职务数量和类型为主要依据。职位类型指出了需要什么样的人，职务数量说明了每个类型的职位需要多少人员。确定人员需要量时应考虑组织现有的规模、机构和岗位设置情况，分析企业管理人员的相对稳定性与流动率，从而最终做出人员需要量的长期规划。

2. 人员选聘

在确定了组织内的工作职位后，就可以根据职位的任职要求，通过招聘、选拔、安置和提升来配备所需的管理人员。

管理人员的来源可以从企业外部招聘，也可以从企业内部提升和调配。

（1）外部招聘。外部招聘是根据一定的标准和程序，从组织外部的众多候选人中选拔符合空的职位工作要求的管理人员。从外部招聘员工有助于利用外来优势，平息和缓和内部竞争者的紧张关系，为组织带来新鲜空气。但也可能会因对应聘者了解不够导致招聘失败，并且会打击内部员工的积极性；此外，外聘者因对组织内部情况不熟悉，需要一段时间的适应才能有效地工作。

（2）内部提升。内部提升是指组织成员的能力增强并得到充分地证实后，被委以更高的职务，承担更大的责任。内部提升制度有利于鼓舞员工士气，提高员工工作的积极性；同时对选聘人员的了解比较充分、全面，可以确保选聘工作的正确性，并且选聘者因了解组织内部情况，因而能迅速开展工作。但内部提升容易激化内部竞争者的矛盾，并可能导致任人唯亲的情况。

二、人员的招聘

招聘是指在组织内外搜寻人选来填补空缺职位的过程。员工招聘工作是组织人员配备中最为关键的一项工作，员工招聘的原因一般有新组织的成立、组织规模扩大、现有职位因为某种原因发生空缺、调整不合理的人员结构、为组织文化的改进而从外部招聘人员等。

（一）管理人员选聘的标准

组织中不同管理层次的具体管理业务是不同的，但其本质特征是一样的，即组织和协调他人劳动，这直接关系到企业的发展和业务的开展，因此，对管理人员的选聘必须经过全面的衡量和评估。一般主管人员的选聘应具有以下基本标准：

1. 较好的知识结构和一定的工作经验

市场经济的发展要求主管人员在观念上应具有全局性，因此，对知识的整体性要求越来越强，因为一个人的知识结构决定了其对社会环境的适应性以及分析和判断问题的能力。作为主管人员不仅要具有较广泛的知识结构，而且要熟悉所领导范围的专业，即应具备渊博的知识和突出的专业能力。同时，管理经验对主管人员极为重要，作为一个主管人员，必须具有一定的从事该部门或该行业管理工作的实践经验，没有经过磨炼和专业培训的人是不能成为部门主管的。

2. 正直的品质和优良的作风

正直与诚信是每个组织成员都应具备的基本品德，对主管人员来说更应如此。因为主管人员具有较大的职权，权力的正确运用与否取决于主管人员的品质。主管人员必须是道德高尚、作风优良、胸怀宽大、值得信赖的人。正直与诚信则表明主管人员能提出并坚持正确的观点，对人对事客观公正，认真务实，善于团结协作，对组织能起到积极的引导作用。正直诚信是主管人员的第一要素。实践证明，有正直的品质而无工作能力的人会使组织或部门失去活力与进步；但有能力而缺乏正直诚信的主管人员则可能给组织造成巨大的破坏，且能力越大破坏越大。同时，主管人员也应具备良好的工作作风，即实事求是、谦虚谨慎、大公无私、勇于探索、克己敬业，有坚实的集体观念和团结协作精神、作风民主、奖惩分明，能带领全体工作人员做好各项工作。

3. 开拓创新、不断进取的精神

管理人员应具有强烈的事业心和责任心、自尊自信、开拓创新、勇于进取，这样才能打开局面，获得发展。在现代竞争激烈的社会里，墨守成规、维持现状就意味着倒退；开拓创新则赋予了企业生机，提高市场竞争力。所以，创新型的组织和人才是现代企业发展的必要条件。

4. 业务和决策能力

主管人员应有出众的业务能力和决策能力，其工作经历及工作成绩就很重要。主管人员既是部门的管理者，也应是部门的骨干，只有熟悉业务才能管理好业务，才能实现人与事的最佳组合。但业务能力强并不一定能成为一个好的主管，好的主管必须具备一定的领导、决策、控制能力，时刻明白其工作环境，知道应该做什么、如何去做、达到什么样的目的，具有全盘的工作计划及发现问题、了解问题的能力，应胆大心细，抓主要问题，不能事无巨细，要学会放权与用人。一个合格的主管人员要善于运用团队或集体的力量，遇事应果断坚决，不能犹豫不决而错失良机。

5. 沟通的技能与艺术

组织中人员之间的相互信任与了解，是培养团队精神，形成企业价值观和文化的基础和人际关系的核心。管理人员不仅要理解别人，也需要别人理解自己，这要求主管人员有较高的沟通艺术。为完成组织的任务与目标、制定正确的措施，主管人员不仅需要与上级及各部门之间进行交流沟通，而且要与自己的员工沟通，准确地表达自己的意思，并认真听取他们的意见与建议，多角度调动他们的积极性和创造性，为组织的发展做出贡献。

6. 良好的心理与身体素质

主管人员既要能面对荣誉，又要能承受挫折，这就要求具有良好的心理素质，尤其是在重大事情面前，心态稳定则能稳定军心，从而使复杂的事情简单化，切忌莽撞与感情用事；同时应该心胸大度，既能容人，又能帮人，能经常进行换位思考，与别人密切配合，共同进步；主管人员还应该具有严格的时效观念，既具有较强的时间观念和工作效率原则，又能以身作则，示范于人。此外，主管人员还应具有良好的身体素质、充沛的精力、旺盛的工作欲望，这是完成各项工作的基础。

（二）员工招聘的程序

为了保证员工招聘工作的有效性和可行性，应当按照一定的程序来开展招聘工作，人员招聘大致可分为招募、选拔、录用和评估四个阶段。

1. 招募

当组织中出现了需要填补的工作职位空缺时，有必要根据职位的类型、数量等要求制定招聘计划，同时成立相应的选聘工作委员会或小组。选聘工作机构既可以是组织中现有的人事部门或代表所有者利益的董事会，也可以是由各方利益代表组成的专门或临时性机构。选聘工作机构要通过发布招聘广告、召开工作信息发布会、分发招聘手册等方式详细描述空缺岗位所需的资历和经历、责任和职能、工资福利以及其他特殊要求，以吸引潜在的人选。同时，求职者通过阅读广告，与各种职业介绍机构联系，以投递个人简历和求职信息等方式向招聘单位发出信号。因此，这一阶段是双方相互识别、相互吸引的过程。

2. 选拔

选拔是要从众多的应聘者中挑选出那些背景和潜质符合空缺岗位的最佳人选。当应聘者数量很多时，选聘小组需要对每一位应聘者进行初步筛选。内部候选人的初选可以根据以往的人事考评记录来进行；对外部应聘者则需要审查其个人简历和求职信，了解他们的兴趣、观点、见解及独创性等，及时排除那些明显不符合基本要求的求职者。

对通过了初步筛选的应聘者，还需要进行更进一步的知识和能力的测试，一般包括以下内容：

（1）知识测试与心理测试。测试是通过考试的方法来测试候选人的基本素质，包括知识测试和心理测试两种基本形式。知识测试包括综合知识、专业知识和相关知识的测试。缺乏某种知识的员工，将来在工作岗位上可能会发生困难。组织通过知识测试，可以比较准确地筛选掉一些不合格的候选人。心理测试是通过一系列的心理学方法来测量候选人的智力水平和个性特征的一种科学方法。主要内容包括智力、个性和特殊能力等学习和适应环境的能力测试。个性测试包括性格、兴趣、爱好、气质及价值观等的测试，个人在工作中发挥着很大的作用，组织在招聘中通过个性测试可以较准确、全面地了解一个人的个性，再结合其他指标，来考虑他是否适合空缺职位。特殊能力测试主要用于一些有特殊要求的岗位，比如品酒师要求视觉、嗅觉、味觉特别灵敏。

（2）案例分析与候选人实际能力考核。在对候选人进行了知识与心理测试之后，还要对每个候选人的实际操作能力进行考核。测试和评估候选人分析和解决问题的能力，可借助"情景模拟"或"案例分析"的方法。这种方法是将候选人置于一个模拟的工作情景中，运用各种评价技术来观测考察其工作能力和应变能力，以判断他是否符合空缺岗位的要求。

（3）面试。通常通过一系列测试之后，要由组织中具体的用人单位对候选人进行最后面试。面试可以采用一对一的方式，也可以采用小组面试的方式。尽管面试存在某种缺陷，例如主考官评价的主观性，但面试仍然是组织在人员选拔中经常采用的方式。通过面对面的交谈，用人部门可以获得更多的关于候选人的信息。

（4）体检和背景调查。体检也是选拔的必要步骤之一，因为有些工作对身体有特殊要求，比如食品业要严格进行传染病的检查。对候选人的背景进行调查的目的是确定候选人是否具备所说的学历和工作经验，可以从候选人毕业的学校和他以前所在的单位处了解他的经验和表现。

3. 录用

在上述各项工作完成的基础上，需要利用加权的方法得出每个候选人的知识、心理、实践能力和面试的综合分，并根据空缺职务的类型和具体要求决定最终的录用。

4. 评估

最后一个步骤是要对整个招聘工作的程序进行全面的检查和评价，并且要对录用的员工进行跟踪分析，通过他们的实际工作绩效来检查原有招聘工作的成效，总结招聘过程中的成功与过失，及时反馈到招聘部门，以便修正和改进。

三、人员的培训

（一）培训的含义

培训是指组织为了实现自身和员工个人的发展目标，有计划地对员工进行培养训练，使之提高与工作相关的知识、技能、行为以及态度等素质，以适应并胜任相关职位的工作。

对组织而言，由于科学技术进步速度的加快，人力资源结构的多样化，生产经营活动国际化，组织所面临的外部环境日益严峻，保持组织的人力资源优势成为企业立于不败之地的关键。对员工而言，他们由于工作内容的多变性，需要不断学习新的技能、积累新的经验，同时外在的压力也让员工不断调整他们对工作质量、技术、同事及顾客的态度，因此培训在组织中越来越得到重视。越来越多的企业认识到，培训虽然会使得企业支付一定的成本，如培训费用、员工在不熟练时对工作的影响等，但它会在可预见的未来对企业的发展发挥巨大的作用，培训的目的也从传统的传授工作所必需的技术技能向更广泛的目标发展。

（二）员工培训的目的

1. 提高员工的知识和技能

知识和技能包含广泛的内容，除了基本知识和工作所必需的专业技能外，还包括沟通技能、团队建设技能、解决问题的技能以及创新技能等各方面的综合能力。传统的技能培训，主要是员工的基本知识和专业技能的培训。比如阅读、写作和进行数学计算等基本能力和与特定职务相关的能力。随着组织工作的日益复杂化和非个人行为化，组织工作涉及更多的是与人有关的软因素。一些公司发现，进行团队合作的员工即使工作技能不是很好，他们的交际能力也会比那些由具有熟练技术但不合作的员工组成的团队更好。因此，对员工的培训，企业越来越重视沟通技能、团队建设技能的培训。另外，组织还应该注意培养员工解决问题的技能以及创新的技能。

2. 强化员工的献身精神

每个组织都有自己独特的组织文化，培训的目的就是通过对员工的培训，使其对组织的使命阐述和组织目标有更好的理解，接受组织的核心价值观和基本行为准则，逐步了解并融入组织文化之中，形成统一的价值观念，按照组织普遍的行动准则去工作，提高对组织的忠诚度和献身精神。

3. 培养员工终身学习的意识

随着科技的飞速发展，人们的知识和技能在不断地老化，为了保证员工能更好地适应变动的环境，应该对员工进行不断地培训，使员工树立终身学习的意识，积极主动地适应环境的变化。

4. 调动员工积极性

当员工有机会参加培训课程时，他们会有一种被认可的感觉，从而主动掌握新的技能，提高培训的效果。

（三）员工培训的类别

员工培训可以分为职前培训、在职培训和脱产培训三种类型。员工培训的具体方法有很多，采用什么方法应该根据培训对象的层次、岗位、人数及组织的情况来确定。

1. 导入培训

导入培训是针对组织新录用员工的培训，一般导入培训的第一部分由组织中的人事部门开展，人事部门的专家向员工介绍组织的基本情况和人事政策等一类的问题，然后将新员工交给他的直接管理者，由这些管理者来继续介绍工作的性质，并让员工熟悉工作的场所。这在我国也称为"岗前培训"，在西方国家被称为"职前引导"。

导入培训的主要内容，首先是关于组织基本情况的介绍，如组织的历史、组织的现状、组织未来的发展战略及规划、组织文化；其次要对组织的人事政策进行介绍，包括工资状况、福利情况及考核办法等；再次是关于员工本职工作的介绍，比如工作程序、工作方法、工作职责及工作时间等。导入培训的最主要目的是让新员工尽快适应组织的环境，了解组织的政策，减少顾虑，尽快调整自我，放弃对新工作的不现实的幻想，尽早步入工作的正轨。

2. 在职培训

在职培训是组织所有层次的培训中最常见的一种方式，是让员工通过实际做某项工作来适应这项工作。组织中从最基层的员工到公司的高层管理者，在进入公司开始就会得到某种在职培训。在许多组织中，在职培训是员工唯一能够得到的培训。

在职培训最为常用的方法是教练或实习，即由一位有经验的工人或直接主管人员在工作岗位上对员工进行培训。在较低的层次上，通常是让受训者通过观察主管人员工作，以掌握机械操作技能。在较高的管理层次上，也可以采用这样的方法，比如助理职务的设置就是用于培训和开发组织未来高层管理人员的。在职培训的另一种方法是职务轮换，这种方法是通过横向的交换，使员工从事另一岗位的工作。它能使员工学会多种工作技能，同时也增强了员工对工作间相互依赖关系的认识，并产生对组织活动的更广阔的视角。

在职培训法的优点是员工边干边学，这种实践的学习方法，可以迅速提高员工的知识和技能，实施培训的人可以方便地得到员工的工作行为正确与否的反馈。此外，这种方法也节省了培训的费用，不像教室学习或其他的脱产培训方式那样需要较高的培训成本。但是在职培训也可能会扰乱工作的正常秩序，导致工作失误增加。况且，有些工作技能的培训相当复杂，难以通过在工作中学习来掌握。

3. 脱产培训

脱产培训是指让员工离开工作岗位，专职学习一段时间。脱产培训可以在组织内进行，也可以在组织外进行。一些组织有自己专门的培训机构，比如海尔大学、联想学院，可以为自己的员工提供脱产培训。组织还可以把员工送到外部专门的培训机构进行脱产培训，比如提供成人培训服务的大学和专门的培训学校等。脱产培训一般培养的对象是组织中年轻有为的技术人员或管理人员。脱产培训的方法包括课堂教学、多媒体教学、经验交流和案例分析等。

四、绩效考核

（一）绩效考核的含义

考核是指收集、分析、评价和传递员工在其工作岗位上的工作行为的表现和工作结果方面的信息的过程。通过绩效考核，组织可以了解每个员工的工作结果以及对组织贡献的大小。由于组织的目标最终要通过所有员工的共同努力才能实现，因此，对每个员工的努力成果和工作绩效进行公正、客观的考核，并根据考核的结果表扬先进、鞭策后进是非常必要的。在现代组织的管理中，绩效考核已经成为提高员工积极性、获取竞争优势的一项重要工作。

（二）绩效考核的作用

组织进行绩效考核的原因有很多，其作用具体体现在以下几个方面：

1. 绩效考核提供的信息有助于管理者做出人事决策

绩效考核是对员工的素质、知识和技能进行考察和评估，评估他们的现实能力以及发展的潜力，并和其现任的职务要求的素质和能力进行对比，看其是否胜任该工作，是否有进一步提升的潜力。绩效考核收集的信息可以为组织员工的任用提供依据，做出晋升、降职或者保持现在职位的决策，使得组织的人事决策更加科学、客观。

2. 绩效考核为人力资源开发提供信息

绩效考核的结果要反馈给被考核的员工，这样才能让被考核员工全面认识自己的能力和素质，了解自己的长处和短处以及别人对自己的评价。绩效反馈一般通过管理者和员工面谈的方式进行，管理者通过和员工的沟通，帮助员工制定下一步的改进和发展计划，制定员工的职业生涯发展规划。同时，在绩效考核的过程中，管理者能够识别培训需要，发现员工可开发的潜力，进行有针对性的人力资源开发。培训的前提是准确地了解各类人员的素质和能力，了解其知识和能力结构、优势和劣势，为此也必须对人员进行考核。

3. 绩效考核为组织管理者及其下属员工提供了交流的机会

一方面，管理者要对员工的工作行为和结果进行详细的检查，同时要将考核结果反馈给员工。下级如果对绩效考核的结果有异议，可以向管理者申诉。双方通过交流制定计划以改善下属在工作绩效考核中所揭示出来的低效率的行为，同时还可以帮助下属强化已有的正确行为。另一方面，下级员工也可以作为考核主体对管理者进行绩效考核，让管理者知道自己在员工心中的地位，增强管理者和下级员工交流的意识。

4. 绩效考核是对员工实施激励的重要工具

奖罚分明是组织激励的基本原则，要做到奖罚分明，就必须科学地、严格地进行绩效考核，以考核结果作为依据，决定奖罚的对象以及奖罚的等级。如果没有科学、公正的绩效评价，奖罚、报酬就没有依据。因此，绩效考核是一个组织确定对其成员进行奖惩和发放报酬的基础。绩效考核的正确与否，会在很大程度上影响一个组织的激励效果，进而影响全体成员的积极性和士气。另外，绩效考核本身也能够激励员工保持良好的工作状态，出色完成组织交给的任务，从而获得较好的绩效考核结果。

（三）绩效考核的程序

1. 制定绩效考核计划

绩效考核计划包括绩效考核标准、目的、对象、重点考核内容及考核时间等。绩效考核要发挥作用，首先要有合理的绩效考核标准，要有针对性地根据员工所处的层次、岗位和工作的性质，制定合理的考评标准。绩效考核的目的不同，相应绩效考核的侧重点就不同，比如，组织要确定员工的报酬，考核的侧重点应该是员工过去的工作行为和工作结果。而出于服务于员工职业生涯规划的目的，考核的侧重点应该是员工现有的知识和技能的测定以及员工发展潜力的测定。确定了绩效考核的标准、目的和对象之后，就可以据此来确定绩效考核的内容，并且确定考核的时间。需要注意的是，绩效考核计划的制定需要管理者和员工共同沟通，就员工的绩效目标及标准达成共识。

2. 确定考核责任者

绩效考核往往被误认为是人事管理部门的任务。实际上，人事部门的主要职责是组织、协调和执行考评方案。要使考评方案取得成效，还必须让那些受过专门评估培训的直线管理人员直接参与到方案实施中来，因为直线领导可以更为直观地识别员工的能力和业绩，并负有直接的领导责任。

3. 评价实际的工作绩效

按照确定的绩效考核计划，专门的绩效考核责任人采用特定的绩效考核方法来对被考核者进行考核，记录考核的结果。绩效考核应当强调客观、公正，时间要适当。

4. 考核结果的分析与评定

对收集的考核数据、资料进行综合分析，得出考核结论，并对考核结论的主要内容进行分析，特别是要检查考核中有无不符合事实以及不负责任的评价，检验考核结论的有效程度。

5. 绩效反馈

反馈是考核实施必不可少的环节。如果员工不知道他们的工作绩效没有达到预期要求，那么他们的绩效也就不会有所改善。因此，管理者应该及时向员工提供明确的绩效反馈，而考绩面谈是绩效反馈的一种常用的形式。在面谈的过程中，管理者告诉员工对他们做出了什么样的评价以及评价的理由，员工如果认为考核存在不公平或不全面的地方，也可以提出申辩或者补充。双方在友好的气氛中讨论员工的优点以及不足，通过讨论，管理者和员工一起寻找导致不良绩效的原因，然后制定计划来解决问题，改善和提高员工的绩效水平。

6. 将绩效考核的结论备案

根据最终的考评结论，可以使组织识别哪些人具有较高的发展潜力，哪些人需要培训，并将考核的结论备案，为以后的人力资源管理提供参考依据。

（四）绩效考核的方法

组织在实施绩效考核的时候，方法的选择也是很重要的。绩效考核的方法有很多种，每种方法都有其优点和缺点，有其使用的特定范围。目前还没有一种适用于一切组织和一切目的的通用方法。在一种绩效考核体系中可以使用多种评估方法，选择绩效考核方法的要点是要与组织的实际情况相符合。

1. 比较法

（1）简单排序法。

评价者将员工业绩按照从高到低的顺序排列，这种方法操作便捷，所需时间少。不足之处是员工间区分不清晰，比如，排在第二和第三的员工之间可能差别很小，而第三名和第四名之间却差距悬殊，同样，在一个小组中排名最后的员工有可能在另一个小组中成为第一名。这种方法一般适合于员工数量比较少的情况。

（2）交替排序法。

交替排序法，即将需要进行评价的员工的名单列举出来，然后根据某个评价标准从中挑选出绩效最好的员工和绩效最差的员工，分别排在第一位和最后一位；接着从剩下的名单中挑出最好的和最差的。依此类推，直到所有必须被评价的员工都被排出顺序为止。

（3）配对比较法。

配对比较法是将每位员工按照所有评价标准与其他所有员工进行比较，比较后优者用"＋"标明，较差的一个用"－"标明，最后将每位员工得到的"＋"相加，"＋"数量多的为优胜者。

（4）强制分布法。

这种方法要求考核者将一定比例的员工分配至事先定好的各种不同的种类中去，实施过程中要将部门绩效和员工个人绩效结合起来，体现部门绩效的差别。比如，在绩效较差的部门，只能有1%的员工能够得到最高级的评价，而在绩效较好的部门中，则有更多的员工可以得到最高级的绩效评价。然而，如果员工的业绩水平不遵从所设定的比例分布，那么按照设定的比例对员工进行强制区别容易引起员工不满。

2. 评语法

这是一种最简单的绩效考核方法。通过撰写记叙性的文字材料，描述一个员工的长处、短处、上一阶段的绩效和潜能等，然后提出改进和提高的建议。评语法不需要复杂的格式，几乎不需要对考核者进行培训。但是用这种方法评价员工的绩效，受考核者的主观因素影响较大，也与考核者的写作技能有很大的关系。

3. 关键事件法

这种方法要求考核者记录那些能够区分有效的和无效的工作绩效的关键行为。考核者应记录一些细小但能说明员工所做的是特别有效或特别无效的事件，而不能笼统地评价一个人的个性特质。为某个员工记录一长串关键事件，就可以提供丰富的具体实例，给员工指明他们有哪些组织期望或不期望的行为。

4. 评分表法

这种方法是最古老也是最常用的一种方法。它列出一系列绩效因素，加上工作的数量与质量，职务知识，协作与出勤以及忠诚、诚实和首创精神等，考核者对表中的每一项给出评分。评分尺度通常采用5分制，如对职务知识这一因素的评分可以是从1分（对职务职责的了解很差）到5分（对职务的各方面有充分的了解）。评分表法的设计和执行便于定量分析和比较，但是与评语法以及关键事件法相比，评分表法提供的信息量比较少。

5. 行为锚定评分法

这种方法综合了关键事件法和评分表法的主要要素。设计行为锚定评价法的目的主要是通过建立与不同绩效水平相联系的行为锚定来对绩效维度加以具体的界定。在同一个绩效维度中存在着一系列的行为事例，每种行为事例分别表示这一维度中的一种特定绩效水平。使用行为锚定评分法，首先必须收集大量代表工作中的优秀和无效绩效的关键事件，然后再将这些关键事件划分为不同的绩效维度，那些被认为能够清楚地代表某一特定绩效水平的关键事件将会作为指导评价者的行为事例。根据每一个绩效维度分别考察员工的绩效，然后以行为锚定为指导来确定在每一绩效维度中的哪些关键事例与员工的情况最为相符，这种评价就成为员工在这个维度上的得分。

6. 目标管理法

这是一种上下级依据组织总目标共同制定下级的目标，依据下级目标的完成情况对其进行评价的方法。管理者和员工先要共同制定下一阶段的具体目标，并且制定完成目标所需要的时间、资源以及完成的最低标准。在预定时间过后，员工和管理者一起比较实际的工作成果和预期的目标，评价员工的目标完成情况，对某些没有完成的目标还要找出没有达到的原因，再订立下一阶段的新目标和策略。目标管理使管理者由评判人转化为工作顾问，而员工也由消极的旁观者变为考核过程的积极参与者，双方将始终保持密切的合作和联系。这样，在绩效考核的每一个阶段，双方都会努力解决存在的问题，并为下一个评价期建立更为积极的目标。目标管理法是现代绩效考核中常用的一种方法。

第五节 组织变革

一、组织变革的目标

（一）组织变革的原因

一个组织的内外结构必须与其所面临的环境相适应。企业面临的环境是动态的，充满不确定性，所以组织的内部结构也应进行变革。组织变革就是组织根据内外环境的变化，主动地、积极地对组织的原有状态进行改变，以适应未来组织发展要求的活动。随着环境的发展对组织提出越来越高的要求，组织变革的内容越来越丰富，现在已发展到对组织整体进行有计划、有目的的变革，并形成了一整套变革的战略、措施和方法。

组织进行变革有多种原因，这些原因可以归纳为外部原因和内部原因。

1. 外部原因

（1）社会经济环境的变化。社会经济不断发展，人民生活水平不断提高，市场更为广阔，产品更新换代速度加快，加上工作自动化程度的提高等，均会促使组织进行变革。同时，社会经济环境还包括国家的经济政策、法规以及环境保护等。

（2）科学技术的发展。科学技术的迅速发展及其在组织中的应用，如新发明、新产品，自动化、信息化等，使得组织的结构、组织的运行要素等都产生了大变化，这些变化也会推动组织不断地进行变革。

（3）管理理论与实践的发展。管理的现代化、新的管理理论和管理实践，都要求组织变革过去的旧模式，对组织要素和组织运行过程的各个环节进行合理的整合，从而对组织提出变革的要求。

2. 内部原因

（1）组织目标的选择与修正。组织的目标并不是一成不变的，当组织目标在实施过程中与环境不协调时，需要对目标进行修正。

（2）组织结构与职能的调整和改变。组织会根据内外环境的要求对自身的结果进行适时的调整与改变，如管理幅度和层次的重新划分、部门的重新组合、部门工作的重新分配等。同时，组织在发展的过程中，亦会不断抛弃旧的、不适用的职能并不断承担新的职能，如社会福利事业、防止公害、保护消费者权益等。这些均会促使组织进行不断的变革。

（3）组织员工的变化。随着组织的不断发展，组织内部员工的知识结构、心理需要以及价值观等都会发生相应的变化。现代组织中的员工更注重个人在职业和管理中的平等自主。组织员工的这些变化必将带动组织的变革。

组织变革往往是在面对危机的时候才变得分外重要，危机会通过各种各样的形式表现出来，成为组织变革的先兆。一般说来，一个组织在下列情况下应考虑实行变革：一是决策效率低或经常出现决策失误；二是组织沟通渠道阻塞、信息不灵、人际关系混乱、部门协调不力；三是组织职能难以正常发挥，目标不能如期实现，人员素质低下，产品产量及质量下降等；四是缺乏创新。

（二）组织变革的目标

所有的变革都应与整个组织的发展目标紧密联系在一起。组织变革是由人进行的，并且是整个组织有计划的工作。实施变革应努力实现以下目标：

1. 使组织更具环境适应性

环境因素具有不可控性，人们无法阻止或控制环境的变化。组织要想在动荡的环境中生存并得以发展，就必须顺势变革自己的任务目标、组织结构、决策程序、人员配备、管理制度等。只有如此，组织才能有效地把握各种机会，识别并应对各种威胁，从而更具环境适应性。

2. 使管理者更具环境适应性

一个组织中，管理者是决策的制定者和组织资源的分配者。在组织变革中，管理者必须要能清醒地认识到自己是否具备足够的决策、组织和领导能力来应对未来的挑战。因此，管理者一方面需要调整过去的领导风格和决策程序，使组织具灵活性和柔性；另一方面，管理者要能根据环境的变化要求重构层级之间、工作团队之间的各种关系，使组织变革的实施更具针对性和可操作性。

3. 使员工更具环境适应性

组织变革的最直接感受者就是组织的员工。组织若不能使员工充分认识到变革的重要性，顺势改变员工对变革的观念、态度、行为方式等，就可能无法使组织变革得到员工的认同、支持和贯彻执行。

二、组织变革的内容

（一）组织变革的类型

1. 战略性变革

战略性变革是指组织对其长期发展战略或使命所做的变革。如果组织决定进行业务收缩，就必须考虑如何剥离关联业务；如果组织决定进行战略扩张，必须考虑并购的对象和方式以及组织文化重构等问题。

2. 结构性变革

结构性变革是指组织需要根据环境的变化适时对组织的结构进行变革，并重新在组织中进行权力和责任的分配，使组织变得更为柔性灵活且易于合作。

3. 流程主导性变革

流程主导性变革是指组织紧密围绕其关键目标和核心能力，充分应用现代信息技术对业务流程进行重新构造。这种变革会对组织结构、组织文化、用户服务、质量和成本等各个方面产生重大的改变。

4. 以人为中心的变革

在组织中，人的因素最为重要，组织如若不能改变人的观念和态度，变革也就无从谈起。以人为中心的变革是指组织必须通过对员工的培训、教育等引导方式，使他们能够在观念、态度和行为方面与组织保持一致。

（二）组织变革的内容

1. 组织的结构变革

组织的结构变革是指组织需要根据环境的变化适时对组织的体制、机制、责权关系等方面进行变革。它包括权利关系、协调机制、集权程度、职务和工作再设计等其他结构参数的变化。

2. 技术与任务变革

技术与任务变革是指对业务流程、技术方法的重新设计、修正和组合，包括更换设备，采用新工艺、技术、方法等。管理者应注意利用最先进的科学技术对企业业务流程进行再造，还需要用先进的管理技术对组织中各部门或各层级的工作任务进行重新组合，如工作任务的丰富化、工作范围的扩大化等。

3. 组织人员的变革

组织人员的变革是指对人的思想与行为的变革。组织如若不能改变人的观念和态度，变革就无从谈起。变革的主要任务是组织成员之间在职、责、权、利等方面的重新分配。要想顺利实现这种分配，组织必须注重员工的参与，注重改善人际关系并提高实际沟通的质量。

4. 组织目标的变革

组织目标的变革由战略变革决定，它是指组织在发展战略或使命上产生的变革。要收缩业务，则必须剥离不良资产和非相关业务；要扩大业务，则要考虑并购的对象和方式，以及重构组织文化。

三、组织变革的程序

（一）组织变革的过程

库尔特·卢因认为，成功的变革要求对现状予以解冻，然后变革到一种新的状态，并对新的状态予以再冻结，使之长久保存。组织变革包括以下三个步骤：

（1）解冻，即创造变革的动力。这个阶段的主要任务是发现组织变革力，营造危机感，塑造出改革乃大势所趋的气氛，并在采取措施克服变革阻力的同时具体描绘组织变革的蓝图，明确组织变革的目标和方向，以形成比较完善的组织变革方案。解冻可以看作是对所要进行变革的准备。

（2）变革，即指明改变的方向，实施变革，使成员形成新的态度和行为。这一阶段的任务是按照所拟定的变革方案开展具体的变革活动，以使组织从原有结构模式和行为方式向新的目标模式与行为方式转变。这个阶段通常分为试验和推广两个阶段。

（3）冻结，即稳定变革。现状被打破以后，就需要经过变革而建立平衡状态。这种新的平衡状态需要予以再冻结，只有这样才可能使之保持一段较长久的时间；否则，变革可能是短暂的，员工的行为又会回到原来的模式中。

（二）组织变革的程序

组织变革的程序可以分为以下几个步骤：

（1）通过组织诊断，发现变革征兆。

组织变革的首要任务就是要对现有组织进行全面的诊断。这种诊断必须要有针对性，要通过搜集资料的方式，对组织的职能系统、工作流程系统、决策系统以及内在关系等进行全面的诊断。

（2）分析变革因素，制定改革方案。

组织诊断任务完成之后，要对组织变革的具体因素进行分析，如职能设置是否合理、决策中的分权程度、员工参与改革的积极性、流程中的业务衔接是否紧密、各管理层级间的关系是否易于协调等。

（3）选择正确方案，实施变革计划。

制定改革方案的任务完成之后，组织需要选择正确的实施方案，然后制定具体的改革计划并贯彻实施。推进改革的方式有多种，组织在选择具体方案时要考虑到变革难度及其影响程度、变革速度以及员工的可接受和参与程度等，做到有计划、有步骤、有控制地进行。当改革出现某些偏差时，组织要有备用的纠偏措施并及时地进行纠正。

（4）评价变革效果，及时进行反馈。

变革结束之后，管理者必须对改革结果进行总结和评价，及时反馈新的信息。对于取得理想效果的改革措施，应当进行必要的分析和评价，然后再做取舍。

四、组织变革的阻力与克服

（一）组织变革的阻力

组织变革是一种对现有状况进行改变的努力，任何变革都常常会遇到来自各种变革对象的阻力和反抗。产生这种阻力的原因可能是传统的价值观和一部分来自对变革不确定后果的担忧，这集中表现为来自个人的阻力和来自团体的阻力两种。

个人对变革的阻力包括两个方面：一是利益上的影响。变革从结果上看可能威胁到某些人的利益，如机构的撤并、管理层级的扁平化等都会给组织成员造成压力和紧张感。过去熟悉的职业环境已经形成，而变革要求人们调整不合理的或落后的知识结构，更新过去的管理观念、工作方式等，这些新要求都可能会使员工面临着失去权力的威胁。二是心理上的影响。变革意味着原有的平衡系统被打破，要求成员调整已经习惯了的工作方式，而且变革意味着要承担一定的风险。对未来不确定性的担忧、对失败风险的惧怕、对绩效差距拉大的恐慌以及对公平竞争环境的担忧，都可能造成人们心理上的倾斜。另外，平均主义思想、厌恶风险的保守心理、因循守旧的习惯等也都会阻碍或抵制变革。

团体对变革的阻力也主要来自两个方面：一是组织结构变动的影响。组织结构变革可能会打破过去固有的管理层级和职能机构，并采取新的措施对责任和权利重新做出调整和安排，这就必然要触及某些团体的利益和权力。如果变革与这些团体目标不一致，团体就会采取抵制和不合作的态度，以维持原状。二是人际关系调整的影响。组织变革意味组织固有的关系结构的改变，随之，组织成员之间的关系也需要调整。非正式团体的存在使得这种新旧关系的调整需要有一个较长的过程。在这种新的关系结构未被确立之前，组织成员之间很难达成一致，一旦发生利益冲突就会对变革的目标和结果产生怀疑和动摇，特别是一部分能力有限的员工将在变革中处于相对不利的地位。随着利益差距的拉大，这些人必然会对组织的变革产生抵触情绪。

（二）变革阻力的克服

1. 教育和沟通

教育和沟通适用于信息缺乏、信息不准确或对变革缺少讨论和分析的时候。其中最有效的一个办法是在实施变革之前，对员工进行宣传教育。变革的沟通教育，有助于帮助员工理解变革的逻辑性和合理性，认识到变革之举势在必行，从而减少其传播关于变革的各种不实谣言。

2. 参与和融合

参与和融合适用于发动变革的领导团队缺乏设计变革的必要信息，以及员工阻力相当大的时候。当员工融入变革活动中时，他们就更可能去顺应变革、参与变革，而不是阻挡变革。这一方法最好用于消除来自对变革持沉默态度员工的阻力。

3. 引导和支持

引导和支持适用于变革过程中的各项调整引发员工阻挠的时候。在这困难时期，管理人员如果采取支持员工的态度，能够有效防止潜在的阻力。在变革转型的过程中，管理人员应该帮助员工梳理他们的担忧和焦虑。员工之所以害怕并阻挠变革，原因主要在于他们认为变革会给他们个人带来负面影响。这一手段的典型方法是提供正常工作外的专门训练和服务。

4. 谈判和协商

谈判和协商适用于部分员工或部门利益受损，以及阻挠力量较大的时候。管理人员可以通过提供各种形式的激励，使员工放弃抵抗。比如，可以给员工一定的权力，否决那些对他们来说有危险的变革成分；或者给予员工特殊的政策，允许那些反对变革的人通过买断工龄或提前退休等形式离开组织，避免遭遇变革风险。这一方法用在那些阻力较大的员工身上也比较合适。

5. 控制和合作

控制和合作适用于以上策略发挥不了作用或成本太高时。把阻挠变革的人员引入变革领导团队，也是一个较为有效的办法。具体做法是在这些人员中选部分代表作为变革团队的领导成员，给予他们象征性的决策角色。但如果这些阻力派的领导人物产生被耍弄的感觉，他们会产生更大的抵触情绪，阻挠变革。

6. 正面施压

正面施压适用于变革刻不容缓的时候，且最好作为其他办法均无效果的最后一个措施。管理人员可以明确或含蓄地向员工施压，告诉他们必须接受变革，否则会导致严重后果，比如失业、下岗、流动或失去晋升机会等。

第四章 控　制

第一节　控制的类型

一、管理控制及其特点

（一）管理控制的含义

管理控制是组织为了实现各种目标而制定的相应的计划，但由于内外环境发生变化，活动往往会偏离原来的计划标准，这就需要采取相应的技术和措施，纠正偏差以保证原始计划的顺利实施，或者修改原始计划标准，使计划更加符合实际情况，以此消除偏差，从而达到组织的经营目标。

管理控制系统是由环境系统、目标计划系统、控制系统和执行系统组成的。其运作的原理是根据环境因素确定目标和具体的计划，同时计划提供了控制的标准，控制系统按照上述标准对执行系统进行控制，有了偏差则及时纠正。如果环境没有大的变化，计划标准可以作为衡量活动执行的标准；如果环境因素有较大变化，这时需要重新修改计划标准，然后按照新的标准进行控制。可见控制的过程也要适应内外环境的变化，保持动态适应性。

（二）管理控制的特点

基于管理活动的特点，管理控制区别于一般控制，有其自身的特征。

1. 管理控制具有整体性

这包含两层含义：一是管理控制是组织全体成员的职责，完成计划是组织全体成员的共同责任，参与控制是全体成员的共同任务。二是控制的对象是组织的各个方面。确保组织各部门、各单位彼此在工作上的均衡与协调，是管理工作的一项重要任务。为此，需要了解掌握各部门和单位的工作情况并予以控制。

2. 管理控制具有动态性

管理工作中的控制具有高度程序化和稳定的特征。组织不是静态的，其外部环境及内部条件随时都在发生变化，从而决定了控制标准和方法不可能固定不变。管理控制应具有动态的特征，这样可以提高控制的适应性和有效性。

3. 管理控制是对人的控制，同时又由人执行控制

管理控制是保证工作按计划进行并实现组织目标的管理活动，而组织中的各项工作要靠人来完成，各项控制活动也要靠人去执行。所以，管理控制首先是对人的控制。

4. 管理控制是提高工作能力的重要手段

控制不仅仅是监督，更重要的是指导和帮助。管理者可以制定纠正偏差的计划，但这种计划要靠员工去实施，只有当员工认识到纠正偏差的必要性并具备纠正能力时，偏差才会真正被纠正。通过控制工作，管理者可以帮助员工分析偏差产生的原因，端正员工的工作态度，指导他们采取纠正措施。这样，既能达到控制的目的，又能提高员工的工作效率和自我控制能力。

二、控制的类型

（一）按照控制的主体分类

根据控制的主体不同，控制可分为直接控制和间接控制。

在企业的经营管理中，直接控制是指对管理人员工作质量的控制。在企业的生产经营活动中，发生偏差的原因往往是由于管理人员指挥不当、决策失误或本身素质太差等。因此，重视对管理人员的选拔和培训，对其工作经常加以评审激励，促进他们提高管理水平和控制能力，对保证完成计划具有十分重要的作用。

间接控制是指对经济活动的控制。间接控制往往是在计划实施发生偏差之后，才由有关的管理人员对偏差实施控制。间接控制的特点在于它有一定的弹性和灵性性，通过一定的渠道和手段达到控制的目的。

（二）按照控制的集中程度分类

根据控制的集中程度，控制还可分为集中控制和分散控制。

集中控制是决策权高度集中的一种控制方式。一般说来，集中控制将企业中各个部门的决策权集中到高层管理者手中，经济活动按高层管理者的行政指令来推动，纵向信息流强而横向信息流弱，在一些生产经营连续性很强的企业里，集中控制是十分必要的。

分散控制与集中控制相对应，其特点就是决策权分散。在企业管理中表现为各部门拥有一定的决策权以及一定的经营自主权，横向信息流较强。整个企业显

得适应性较强，但难以进行整体协调。

（三）按照时间分类

根据控制实施的时间（即控制点处于事物发展进程中的阶段）不同，可分为事前控制、实时控制和事后控制三种类型。

1. 事前控制

事前控制也称为"预先控制"或"前馈控制"。这种控制是指控制点处于事物发展的初始端，它根据准确可靠的信息，运用科学的预测和规划，对出现的问题尽可能事先采取行动。它可防止组织使用不合要求的资源，保证组织投入的资源在数量和质量上达到预定的标准，在活动开始之前剔除那些在事物发展进程中难以挽回的先天欠缺。这里说的资源是广义的，它包括人力、物力、技术等所有与活动有关的因素，例如原材料的验收、企业的招工、入学考试及干部的选拔等。

2. 实时控制

实时控制也称为"现场控制"或"过程控制"。这种控制是指控制点处于事物发展进程阶段，它对正在进行的活动给予指导和监督，以保证活动按照规定的政策、程序和方法进行。例如生产制造活动的进度控制、每日情况统计报表、学生的家庭作业和期中考试都属于这种控制。这种控制一般都在现场进行，监督和控制都应该遵循计划中所确定的组织的方针政策与标准。例如，对于简单的重复性体力劳动采取严厉的监督会导致好的结果；而对于创造性的劳动，控制应转向创造出良好的工作环境，这样的效果会更好些。此外，现场控制的效果还与控制者的素质密切相关。

3. 事后控制

事后控制，称为"反馈控制"，是指控制点处于事物的结束阶段，是历时最久的控制类型。它是将计划执行的结果与预期目标或标准进行比较后，发现偏差并采取纠偏矫正的行为。其目的在于检讨过去，以便进一步完善计划，修正组织发展的目标。反馈的类型很多，有正反馈和负反馈之分。对于一个企业来说，有内部信息的反馈，也有外部信息的反馈。反馈控制一般包括财务报告分析、质量控制分析和人员绩效的评定等。但是这种控制的缺点在于整个活动结束时，活动中出现的偏差已在系统内部造成无法补偿的损失。

（四）按照控制的来源分类

按照控制的来源可以分为市场控制、组织控制和团体控制。

市场控制是指利用组织外在的市场机制，如产品价格、市场占有率、销售增长率等，在系统中建立活动标准。这种方法通常用于产品或服务比较明确或确定，且市场竞争激烈的公司。

组织控制是指主要依靠组织的管理规章、制度、政策、预行活动进行控制，衡量活动的标准主要是看其是否符合组织的规章、政策等要求。

团体控制是指员工的行为依靠共同的价值、规范、传统、仪式、信念及组织文化等来调节控制。

控制的许多特征并不互相排斥，因此有些控制类型往往可以同时归入几种类型，各种控制类型是可以交叉的。在实际的管理控制中，只有各种控制手段的运用有机结合在一起，才能达到有效的控制。

第二节　控制的过程

一、控制的原则

控制的目的是保证组织活动符合计划的要求，以有效地实现预定的目标。但是，并不是所有的控制活动都能达到预期的目的。为此，有效的控制应遵循以下原则：

（一）适时控制

适时控制强调控制的及时性，因而也被称为"及时性原则"。法约尔曾指出，为了达到有效的控制目的，控制应在有限的时间内及时进行。有效的控制，要求能对组织活动中产生的偏差尽可能早地发现并及时采取措施加以纠正，避免偏差的进一步扩大，或防止偏差对组织产生的不利影响的扩散。信息是控制的基础，要做到及时控制，信息的收集和传递必须及时，管理人员也必须及时掌握能够反映偏差产生及其严重程度的信息。如果信息处理的时间过长，即使信息是非常客观和完全正确的，其时间的滞后也可能就失去了纠偏的实际意义，且会产生严重的后果。

纠正偏差的最理想方法应该是在偏差未产生以前就预计到偏差产生的可能性，从而采取措施，防患于未然。防止产生偏差，特别是对控制全局的主管人员来说，关注所预见的趋势，通过对活动变化趋势的把握，尽可能早地预测偏差的产生，并采取预防措施加以纠正，从而使各方面的损失降到最低限度是十分必要的。

预测偏差虽然在实践中有许多困难，但在理论上是可行的，即可以通过建立组织经营状况的预警系统实现。为需要控制的对象建立一条警戒线，反映经营状况的数据一旦超过这个警戒线，预警系统就会发出警报，提醒人们采取措施防止偏差的产生或扩大。

（二）适度控制

适度控制是指控制的范围、程度和频度都恰到好处，防止控制过多或控制不足的发生。控制常给被控制者带来某种不快，但是，如果缺乏控制则可能导致组织活动的混乱。有效的控制应该既要满足对组织活动监督和检查的需要，又要防止与组织成员发生强烈的冲突。一方面，要认识到过多的控制会对组织中的人造成伤害，对组织成员的行为的过多限制会扼杀他们的积极性、主动性和创造性，会抑制他们的创新精神，从而影响个人能力的发挥和工作热情的提高，最终影响企业的效率；另一方面，也要认识到过少的控制将不能使组织活动有序地进行，不能保证各部门活动进度和比例的协调，会造成资源的浪费。此外，过少的控制还可能使组织中的个人无视组织的要求，我行我素，不提供组织所需的贡献，甚至利用在组织中的便利地位谋求个人利益，最终导致组织的涣散和崩溃。

控制程度适当与否，受到许多因素的影响，判断控制程度或频度是否适当的标准通常随活动性质、管理层次以及下属受培训程度等因素而变化。一般来说，科研机构的控制程度应小于生产劳动机构，企业中对科室人员工作的控制应少于对现场生产作业的人员的控制。在市场疲软时期，为了共渡难关，部分职工会同意接受比较严格的限制，而在经济繁荣时期则希望工作中有较大的自由度。

（三）全面控制与重点控制相结合

任何组织都不可能对每一个部门和每一个环节的每一个人在每一时刻的工作情况进行全面的控制。并不是所有成员的每一项工作都具有相同的发生偏差的概率，也不是所有可能发生的偏差会给组织带来相同程度的影响。全面控制的代价太大，所以组织在建立有效控制时必须从实际出发，对影响组织目标成果实现或反映工作绩效的各种要素进行科学的分析研究，从中选择出关键性的要素作为控制对象，并进行严格的控制，其他方面则相对放松控制，这样才能使管理人员省出许多时间和精力，收到事半功倍的效果。一般来说，关键性因素包括：关于环境特点及其发展趋势的假设、资源投入、组织活动过程等。在确立了重点的控制对象后，就必须在相关环节上建立预警系统或关键控制点，组织控制了关键点，也就控制了全局。选择关键点要注意：①影响整个工作过程的重要操作与事项；②能在重大损失出现前显示出差异的事项；③若干能反映组织主要绩效水平的实践与空间分布平衡的控制点。

重点控制要求企业在建立控制系统时找出影响企业经营成果的关键环节和关键因素，并据此在相关环节上设立预警系统或控制点进行控制。有了相应的标准，主管人员便可以管理一大批下属，从而扩大管理幅度，达到节约成本和改善信息沟通的效果，同时也使主管人员以有限的时间和精力做出更加有成效的业绩。

（四）注重成本效益

任何控制都需要一定的成本，衡量工作成绩、分析偏差产生的原因以及为了纠正偏差而采取的行动都会产生成本。同时，由于纠正了组织活动中存在的偏差，也会带来一定的效益。只有控制带来的效益超出所需成本时才是值得的。控制成本与效益的比较分析，实际上是从经济角度去分析控制程度与控制范围的问题。

控制成本基本上随着控制程度的提高而增加，控制收益的变化则比较复杂。在初始阶段，较小范围和较低程度的控制不足以使企业管理者及时发现和纠正偏差，因此，控制成本会高于可能产生的效益。随着控制范围的扩大和控制程度的提高，控制的效率会有所改善，但控制不足和控制过度都是不经济的。

组织的一切经济活动都应以用较少的费用取得较多的经济收益为目的，控制工作也不例外。控制所支出的费用必须小于由于控制所带来的收益。这个要求看起来很简单，实际做起来却相当复杂。因为一个主管人员很难了解哪个控制系统是值得的以及它所花费的费用是多少。一般来说，要实现控制的经济性，首先，应根据组织规模的大小、所要控制问题的重要程度以及控制费用和所能带来的收益等方面来设计控制系统；其次，所选用的控制技术和控制方法，应当是能够以最少费用或其他代价就可以检查和阐明工作偏差及其原因的；最后，不要追求所谓的"全面控制"，应该实行有选择的控制，把着眼点放在组织工作最重要的方面和最关键的环节上。

（五）客观控制

控制工作应该针对企业实际状况采取必要的纠偏措施，促进企业活动沿着原先的轨道继续前进。因此，有效的控制必须是客观的、符合企业实际的。客观的控制源于对企业经营活动状况及其变化的客观了解和评价。为此，控制过程中采用的检查、测量的技术和手段必须能正确地反映企业经营时空上的变化，准确地判断和评价企业各部门、各环节的工作与计划要求的相符合或相背离程度。这种判断和评价的正确程度还取决于衡量工作成效的标准是否客观和恰当。为此，企业还必须定期检查过去规定的标准和计算规范，使之符合现时的要求，不应不切实际地主观评定。管理者凭主观进行控制会影响对业绩的判断；没有标准客观、态度准确的检测手段，就不容易对企业实际工作有正确的认识，从而难以制定出正确的措施和进行合理的控制。

（六）弹性控制

企业在生产经营过程中可能经常遇到某种突发的、无力抗拒的变化。这些变化使企业计划严重背离了现实条件。

有效的控制系统应在这样的情况下仍能发挥作用，维持企业的运营。有效的控制系统应该具有灵活性或弹性。弹性控制通常与控制的标准有关。

经营规模扩大，会使经营单位感到经费不足，而销售量低于预测水平，则可能使经费过于宽绰，甚至造成浪费。有效的预算控制应能反映经营规模的变化，应该考虑到未来的企业经营可能呈现出的不同水平，从而为企业经营规模的不同参数值规定不同的经营额度，使预算在一定范围内是可变的。

弹性控制有时也与控制系统的设计有关。通常组织的目标并不是单一的，而是多重目标的组合。由于控制系统的存在，人们为了避免受到指责或是为了使业绩看起来不错，会故意采取一些行动，从而直接影响一个特定控制阶段内信息系统产生的数据。例如，如果控制系统仅仅以产量作为衡量依据，则员工就会忽略质量；如果衡量的是财务指标，那么员工就不会在生产指标上花费更多时间。因此，采取多重标准可以防止工作中出现做表面文章的现象，同时也能够更加准确地衡量实际工作和反映组织目标。一般来说，弹性控制要求企业制定弹性的计划和弹性的衡量标准。

此外，一个有效的控制系统还应该站在战略的高度，抓住影响整个企业或绩效的关键因素。有效的控制系统往往集中精力于例外发生的事情，即遵循例外管理原则；第一次发生的事例则需投入较多的精力，凡已出现过的事情皆可按规定的控制程序处理。

二、控制的过程

控制的过程包括三个基本环节的工作：一是确定标准，二是衡量绩效，三是纠正偏差。

（一）确定标准

标准代表着人们期望的绩效，是人们检查和衡量工作及其结果（包括阶段结果与最终结果）的规范，也是测度实际绩效的依据和进行控制的基础。它往往是一个组织为开展业务工作在计划阶段所制定的目标。在组织系统中，标准必须统一，必须人人明了，以免产生混乱。

控制标准来源于计划，但不同于计划。有些计划已经制定了具体的、可考核的目标或指标，这些可以直接作为控制的标准。但还有许多计划是为实现某一决策目标而制定的综合性的行动方案，其内容有时只有行动纲领，而没有具体的实施过程。因此，就需要将计划的目标转换为更具体的、可考核的标准。

1. 确定控制标准的方法

常用的确定控制标准的方法有以下几种：

（1）标准化法。即根据国际标准、国家标准、部颁标准和企业标准，选择确定有关活动控制所用的技术标准和管理标准。

（2）经验估算法。有时缺乏充分数据，再加上有些工作标准本身很难量化，在这种情况下，可采用这种根据管理者的个人经验和主观判断为基础进行估算评价，从而确定控制标准的方法。这种方法简单易行，但准确性较差。

（3）统计法。运用这种方法确定标准，需要有较系统、准确的统计资料，并应注意分析过去的数据能否说明现在的情况这一问题。同时可借鉴其他同行的数据材料建立起相关的控制标准，但要有分析地加以取舍利用，不可简单地生搬硬套。

（4）技术测度法。这是一种通过某种技术方法，对获取的信息进行具体的定量计算、分析而生成控制标准的方法。许多工程标准就是运用该方法推算出的。

2. 确定控制对象

标准的具体内容涉及需要控制的对象，经营活动的成果则是需要控制的重点对象。控制工作的最初动机就是要促进企业有效地取得预期的活动效果。要保证企业取得预期的成果，必须在成果最终形成以前进行控制，纠正与预期成果要求不相符的偏差。因此，管理者需要分析影响企业经营活动结果的各种因素，并把它们列为需控制的对象。

3. 选择控制的重点

企业无法也没有必要对所有方面或所有活动进行控制，而只需在影响经营成果的众多因素中选择若干关键环节作为重点控制对象。美国通用电器公司关于关键绩效领域的选择或许能给我们提供一些启示。通用电器公司在分析影响和反映企业经营绩效的众多因素的基础上，选择了对企业经营成败起着决定作用的八个方面：

（1）获利能力。通过提供某种商品和服务取得一定的利润，这是任何企业从事经营的直接动因之一，也是衡量企业经营成败的综合标志，通常可用与销售额或资金占用量相比较的利润率来表示。它们反映了生产成本的变动或资源利用效率的变化，从而为企业采取改进方法指明了方向。

（2）市场地位。市场地位是指对企业产品在市场上占有份额的要求。这是反映企业相对于其他厂家的经营实力和竞争能力的一个重要标志。如果企业占领的市场份额下降，那么意味着由于价格、质量或服务等某些方面出了问题，企业产品对竞争产品来说其吸引力降低了，因此应该采取相应的措施。

（3）生产率。生产率标准可用来衡量企业各种资源的利用效果，通常用单位资源所能生产或提供的产品数量来表示。其中，最重要的是劳动生产率标准。企业其他资源的充分利用在很大程度上取决于劳动生产率的提高。

（4）产品领导地位。产品领导地位通常指产品的技术先进水平和功能完善程度。为了维持企业产品的领导地位，必须定期评估企业产品在质量、成本方面的状况及其在市场上受欢迎的程度。

（5）人员发展。企业的长期发展在很大程度上依赖于人员素质的提高。为此，需要测定企业目前的活动以及未来的发展对职工的技术、文化素质的要求，并与他们目前的实际能力相比较，以确定如何为提高人员素质采取必要的教育和培训措施。企业要通过人员发展规划的制定和实施，为企业及时提供足够的经过培训的人员，为员工提供成长和发展的机会。

（6）员工态度。员工的工作态度对企业目前和未来的经营成就有着非常重要的影响。如果发现员工态度不符合企业的预期，企业应采取有效的措施来提高员工在工作或生活上的满意程度，以改变他们的态度。

（7）公共责任。企业的存续是以社会的承认为前提的。而要争取社会的承认，企业必须履行必要的社会责任，包括提供稳定的就业机会、参加公益事业等多个方面。公共责任能否很好地履行关系到企业的社会形象。企业应根据有关部门对公众态度的调查，了解企业的实际社会形象同预期的差异，改善对外政策，提高公众对企业的满意程度。

（8）短期目标与长期目标的平衡。企业目前的生存和未来的发展是相互依存、不可分割的。因此，在制订和实施经营活动计划时，应该统筹长期与短期的关系，检查各时期的经营成果，分析目前的高利润是否会影响未来的收益，以确保目前的利益不是以牺牲未来的利益和经营的稳定性为代价而取得的。

（二）衡量绩效

该步骤的主要内容是将实际工作成绩和控制标准进行比较，对工作做出客观的评价，从中发现二者的偏差，为进一步采取控制措施提供全面而准确的信息。

如何评定管理活动绩效的问题，在拟订标准时就已经部分得到了解决，即通过制定可考核的标准，同时将计量的单位、计算方法、统计的口径等确定下来。因此，对评定绩效而言，剩下的主要问题是如何及时地收集适用的和可靠的信息，并将其传递到对某项工作负责而且有权采取纠正措施的主管人员手中。从管理控制工作职能的角度看，除了要求信息的准确性外，还对信息的及时性、可靠性和适用性提出了更高的要求。

1. 信息的及时性

所谓及时，有两层含义：一是对那些过后不能恢复和不能再现的重要信息要及时记录；二是信息的加工、检索和传递要快。如果信息不能及时提供给各级主管人员及相关人员，就会失去它的使用价值。

2. 信息的可靠性

信息的可靠性除了与信息的精确程度有关外，还与信息的完整性呈正比关系。因此，要提高信息的可靠性，最简单也是唯一的办法就是尽量多地收集有关的信息，但这又容易出现信息的及时性不够的问题。因此，信息的可靠性是程度的问题。上层主管人员的重大决策大都是以不完全的信息为基础的，贻误了时机，再可靠的信息也没用。因此，在可靠性和及时性之间几乎经常要折中，这是一种管理艺术。

3. 信息的适用性

管理控制工作需要的是适用的信息，不同的管理部门对信息的种类、范围、内容、详细程度、精确性和需要频率等方面的要求各不相同。如果向这些部门不区分地提供同样的信息，不仅会造成信息的大量冗余，从而增加信息处理工作的负担和费用，而且还会给这些部门的主管人员查找所需要的信息带来困难，导致时间上的浪费甚至经济上的损失。因此，信息适用性的另一个要求是信息必须经过有效的加工。

（三）纠正偏差

1. 进行偏差分析

将既定标准与实际绩效进行比较，从理论上讲，只要两者存在不一致，那么就成为管理中下一步要解决的问题。某些活动存在一定的偏差在所难免。因此，确定可以接受的偏差范围是必要的。若偏差落在可接受范围之内，就可视为是正常偏差，可不去理会。但偏差超过可接受范围，就应对其进行及时深入分析研究，找出原因和问题的症结所在。

一般造成偏差的原因有三大类：计划操作原因、外部环境发生重大变化原因和计划不合理原因。

（1）计划操作原因。当由于计划执行者的自身原因或能力不够，不能胜任工作时，管理者可采取多种措施，如重申规章制度、明确责任、明确激励措施、按规定处罚有关人员或调整工作人员、加强员工培训、改组领导班子等。

（2）外部环境发生重大变化原因。当因外部环境发生重大变化产生偏差时，如国家政策法规发生变化、某个大客户或大供应商突然破产、自然界不可抗拒的灾害等不可控因素，管理者只能在仔细分析的基础上采取一些补救措施，以尽量消除不良影响，然后改变策略或变换目标，另辟蹊径。

（3）计划不合理原因。有时制订计划时不切实际，把目标定得过高，根本达不到，如制定过高的利润目标、市场占有率目标，这时应根据具体情况，及时调整目标，使之处在合理的水平；也有在制定目标时，过于保守，低估自己的实力，把目标定得太低，不能起激励作用，这时也应进行调整。当然，也应注意不能凭一时冲动，随意更改计划，否则，计划将失去存在意义，也就谈不上有效控制了。

2. 采取纠正偏差措施

采取纠正偏差的管理活动，主要表现为：

（1）调整计划及相应的标准。对修订计划应持慎重态度。假若是在有关方面对计划的认识不一的情况下，要在努力改善计划执行条件后仍难见成效时，再决定调整计划；如管理者经过反复思考，认为计划本身是合理的，偏差的产生并不是计划标准过高的缘故，那么就应该坚持，这时应注意向有关人员解释为什么坚持按原定计划执行的原因。有时候坚持按原计划执行也是一种纠偏的措施。调整计划最好在计划执行告一段落之后再着手，以免打乱正常的工作秩序。调整计划"应从修改工作标准开始，调整标准不能奏效时，再调整上一级计划，如此依次调整，既可以保持计划的稳定性，又可以体现计划的灵活性，同时也使控制得以有效进行"。

（2）改善指导和激励方法。这个纠偏措施的运用容易被忽视，它从管理者自身寻找发生偏差的原因，然后从管理者方面寻求解决问题的方法。

（3）实施运作的改进，改进实际绩效。如果偏差是由于绩效的不足所产生的，管理者就应采取纠正行动，如调整管理策略、组织结构补救措施或培训计划，也可以重新分配员工的工作或做出人事上的调整。其措施包括立即执行的应急性措施和永久性的根治措施。对于那些可能迅速、直接影响计划正常执行的急性问题，多采取补救措施。

控制过程的这三个基本环节就构成了控制的三部曲。通过控制，才能使管理活动成为一个首尾相连的闭合过程；没有控制，就意味着做事情有始无终。

第三节　控制的方法

在组织业务活动的各个领域，由于目标的性质以及达到预定目标所要求的工作绩效不同，控制对象和标准也就不同，因而必须采用多种多样的控制方法。主要的方法如下：

一、预算控制

预算控制是管理控制中常用的，也是比较有效的控制方法。预算是数字化了的计划，是用数字（特别是财务数字）表示组织预期结果的活动计划。作为一个组织，需要通过预算来估计和协调计划，预估未来一段时间内的经营收入和现金流量，为组织及下属各部门或各项活动规定在资金、劳务、材料、能源等方面支出的额度。预算控制是指根据预算规定的收入与支出标准来检查、监督和控制各部门的活动，以保证各部门或各项活动在完成组织目标的过程中合理有效地利用资源，达到控制的目的。

二、比率控制

比率控制是利用组织资产负债表进行控制的方法。利用财务报表提供的数据，我们可以列出许多比率，常用的有两种类型，即财务比率和经营比率。财务比率中有流动比率、速动比率、负债比率、盈利比率等，利用这些比率对组织的经营情况进行分析、决策，帮助组织管理者尽可能地发现组织经营中的问题，有效地提高组织效率，更好地实施控制，以便更好地为实现组织目标而努力；经营比率中有库存周转率、固定资产周转率、销售收入与销售费用的比率等，利用这些比率可以对组织的经济效益实施控制。

三、审计控制

审计是对反映企业资金运动过程及其结果的会计记录及财务报表进行审核、鉴定，以判断其真实性和可靠性的活动，它可以为控制各决策提供依据。根据审查主体和内容的不同，审计计划分为以下三种主要类型：

（一）外部审计

外部审计是由外部机构（如国家的有关审计部门、独立的审计事务所等）选派的审计人员对组织财务报表及其反映的财务状况进行独立的评估。外部审计实际上是对组织内部虚假、欺骗行为的一个重要而系统的检查，因此起着鼓励诚信的作用。外部审计的特点是审计机构或人员与本组织没有行政上的隶属关系，从而可以更加公正客观地进行审计，增加审计的可靠性。这一类审计的缺点是由于参与的审计人员对组织的情况不太熟悉，因而有可能遇到一些困难，难以达到预期的效果。

（二）内部审计

内部审计是由组织内部的机构或财务部门的专职人员独立进行的审计评估。内部审计是组织经营控制的一个重要手段，其作用主要有三个：①提供检查现有控制程序和方法能否有效保证达成既定目标和执行既定政策的手段；②内部人员可以根据对现有控制系统有效性的检查，提供改进组织政策、工作程序和方法的对策建议，更有效地实现组织目标；③有助于推行分权化管理。

同时内部审计也存在局限性：①可能需要很多费用，特别是要进行深入、详细的审计的话；②不仅要搜集事实，而且需要解释事实，并指出事实和计划的偏差所在；③如果审计过程不能进行有效的信息和思想沟通，那么可能会对组织活动带来负激励效应。

（三）管理审计

外部审计主要针对组织财务记录的可靠性和真实性，内部审计在此基础上对组织政策、工作程序与计划的遵循程度进行测定，并提出必要的改进建议。管理审计虽然也可由组织内部的有关部门进行，但为了保证某些敏感领域得到客观的评价，组织通常聘请外部的专家来进行。

管理审计的方法是利用公开记录的信息，从反映企业管理绩效及其影响的因素的若干方面将企业与同行企业或其他行业的著名企业进行比较，以判断企业经营与管理的健康程度。反映企业管理绩效及其影响的因素主要有经济功能、企业组织结构、收入合理性、研究开发、财务政策、生产效率、销售能力和对管理者的评估等。

四、损益控制

损益控制是根据企业中的独立核算部门的损益表，对管理活动及其成效进行综合控制的方法。企业的损益表中列出当期组织各类活动的收支状况及其利润。利润是一个反映企业绩效的综合性指标，损益表记录了影响利润变动的信息。如果当期利润指标与预算利润水平发生偏差，则应分析使利润发生偏差的各个项目，以寻求原因，制定相应的纠偏措施。损益控制法有利于从总体上把握问题的关键，以便有针对性地进行纠偏措施。损益控制法也有不足之处，比如，它属于事后控制，虽能为后期工作提供借鉴，但无法改善前期工作；由于许多事项不一定能反映在当期的损益表上，比如某项活动的失误、外部环境的变化等，因此，仅从损益表上并不能准确地判断利润发生偏差的主要原因。所以，在利用损益控制时还需辅以其他方法，以分析利润发生偏差的真正原因，从而寻求正确的纠偏措施。

五、投资报酬率控制

投资报酬率控制是以某企业内的某经营单位的投资报酬率来衡量该企业或单位的经营绩效。与损益控制相同的是，它建立在财务数据的基础上；不同之处在于损益的控制着眼点在于当期利润总额，而投资报酬率控制把当期利润视为一项投资的收益。

投资报酬率控制主要适用于事业部或其他分权制的部门。在利用投资报酬率进行控制时应注意事业部或分权制部门的行为短期化倾向。技术进步、固定资产折旧以及员工培训等对企业长期生产率有贡献的投资行为对短期内的企业利润贡献不大，这就可能导致部门经理为追求当前的投资报酬率而减少技术支持、忽视资产折旧和人员培训等投资行为。解决这个问题需要企业在经理激励结构中加入企业长期因子，促使经理们关心部门的长期绩效。

六、视察控制

视察控制是指管理人员不凭借其他手段而直接通过在现场观察业务执行情况，了解第一手资料，并采取纠正措施。管理人员亲自观察不仅具有监督和指导功能，更重要的是具有激励功能。根据马斯洛的需求理论，人们在满足基本生活和安全需要之后，更需要别人对自己的关注。所以，从某种意义上说，管理人员对员工工作的关注所产生的激励力，是其他方法所难以达到的。

在执行决策过程中，管理人员应及时收集执行情况的信息，一方面反馈给执行者，另一方面用以检验决策的正确性及有效性，从而有利于执行者的进一步行动和决策的调整。如果既给执行者确定明确的目标（同时富有意义和可行性），又及时地反馈信息，那么执行者就会进一步加强其工作表现。应该强调的是，管理者应尽可能去工作现场了解决策的执行情况，过多依赖抽象的报告可能会误入歧途。

七、报告分析法

报告分析法是指利用第二手资料对企业运行状况进行分析，衡量实际绩效并采取相应的纠偏措施。报告分析法的关键在于报告内容的真实性与准确性、报告形式的扼要性与可读性以及报告时间的及时性。要保证报告具备以上的特征，必须要有良好的制度和文化基础。对控制报告的基本要求是必须做到适时、突出重点、指出额外情况和尽量简明扼要。通常，运用报告进行控制的效果，取决于主管人员对报告的要求。管理实践表明，大多数主管人员对下属应当向他报告什么缺乏明确的要求。随着组织规模及其经营活动规模的日益扩大，管理也日益复杂，而主管人员的精力和时间却是有限的，因此定期的情况报告也就显得越发重要。

第五章 领 导

第一节 领导及其作用

一、领导的含义

领导是在一定的社会组织或群体内，为实现组织预定目标，领导者运用其法定权力和自身影响力影响被领导者的行为，并将其导向组织目标的过程。法定权力被称为"职权或正式的权力"，自身影响力被称为"威信或非正式的权力"。领导者正是以自己所拥有的职权和威信来影响和指挥别人，来体现其在组织成员中的影响力。可见，领导的本质是一种影响力，即对一个组织为确立目标和实现目标所进行的活动施加影响的过程。

二、领导的作用

领导是任何组织都不可缺少的职能，领导活动贯穿于整个组织管理活动的全过程，其作用主要表现在以下四个方面：

（一）引导作用

领导的主要任务就是为员工引路和导航，为此，领导者要正确地规划组织目标，安排任务并制定实现任务的方法。正确地规划目标是引导的核心，也是领导工作的起点。正确地提出任务是实现引导的中心环节，只有让员工知道要做什么，引导才具有实质意义。科学地制定领导方法是引导的重要内容，领导者应该把主要精力放在制定政策方面，使政策的背景切实准确，政策的含义明确清晰，政策的内容连续系统。

（二）指挥作用

在组织活动中，为保证组织活动的协调和统一，领导者需要根据环境条件的变化以及员工的要求或期望制定具体政策，指明活动的方向，制定实现企业目标所必需的各种措施和方法。一方面，领导者需要头脑清醒，胸怀全局，高瞻远瞩，运筹帷幄，帮助组织成员认清所处的环境和形势，指明活动的目标和达到目标的途径。指挥实质上就是领导者运用组织责权，发挥领导权威，推动下属为实现既定目标而努力。另一方面，领导者还必须是行动者，能率领员工为组织的目标而努力。领导者不是站在群体的后面，而是站在群体的前列，带领并鼓舞员工去实现组织目标。只有这样，领导者才能真正起到指挥作用。

（三）协调作用

领导者在制定企业战略目标后，还必须协调企业中的各种资源和因素，促使企业的所有活动以企业战略目标的实现为导向。具体而言，领导者需协调以下方面的内容：

1. 思想协调

组织内的每个人由于理论与思想各不相同，其工作责任心和积极性也不尽相同。另外，每个人的道德水平、心理素质各不相同，其工作方法和工作作风也不尽相同，因而其对工作的认识、看问题的角度、处事的风格都可能存在差异。此外，受外部环境的影响，员工在思想上也会有分歧，因此，领导者应将思想协调放在首位。

2. 目标协调

领导者必须不断地协调企业的长远利益与短期利益，调整内部各种关系，使之与企业的战略一致。

3. 权力协调

为完成工作目标或任务，领导者必须授权，所以也需协调好权力与责任的关系。领导者一方面要运用自己的权力对下属进行指挥、命令，另一方面要对下属权力的运用进行监督检查。

4. 利益协调

企业中员工因价值观、自身素质等不同，在对待利益问题上往往产生偏差。领导者应从员工的实际出发，在思想协调的基础上，依据现行政策及员工的贡献或绩效予以利益上的协调。

5. 信息协调

领导者必须注意信息的沟通，否则，就会指挥不灵、耳目闭塞，所以领导者在上下级之间、下级互相之间要加强信息的沟通与协调。此外，领导者还必须代表企业与企业的相关利益者协调好各种关系。总之，领导者需要协调组织内部各成员之间和组织之间的相互关系，以保持组织内部和组织之间的和谐，完成组织的目标。

（四）激励作用

组织活动的源泉在于员工的智慧、积极性和创造力。只有当员工利益在组织的各项制度中得到切实的保障，并与其自身的物质利益紧密联系时，员工的智慧、积极性和创造力才会充分发挥出来。因此，领导者应满足员工的各种需要、激励员工的动机来调动员工的积极性，激发他们的创造力，鼓舞他们的士气，振奋他们的精神，使组织中的每个人自觉地融入组织的目标体系中，为实现共同的目标而努力工作。

组织是由具有不同需求、欲望和态度的个人所组成的，它蕴涵着任何一个组织所需要的生产力，领导工作就是去诱发这一力量。组织中的每一个人并不单纯地只对组织目标产生兴趣，他也会有自己的目标。领导者就是要通过领导工作把个人的精力引向组织目标，并使他们热情地为实现组织目标做出贡献。但是，不管是由于客观条件的限制，还是由于领导者的平庸，组织中的人们不一定都能以持续的热情与信心去工作。因此，许多人需要领导者激发他们的工作动机，在实现组织目标的同时，尽可能满足他们的需求，使他们把自己与组织整体紧紧联系在一起，从而始终保持高昂的士气。在现代社会中，在组织面临激烈竞争的形势下，高昂的士气就等于成功激发了全体人员的积极性，使他们以最持久的士气和最大的努力自觉地做出自己的贡献。

第二节　领导艺术

领导艺术是指领导者在其知识、经验、才能和气质等因素的基础上形成的具有创造性的领导才能、技巧和方法。领导艺术是一门博大精深的学问，内涵极为丰富，贯穿于领导工作的始终，一般包括统筹全局的艺术、用权的艺术、激励的艺术和协调的艺术等方面。

一、统筹全局的艺术

统筹全局的艺术，又称为"战略性领导活动艺术"。美国著名管理学者德鲁克在《有效的管理者》一书中指出："有效的管理者做事首要的事情必须先做，而且专一不二。"由此可见，领导者应尽量不参与与己无关的小事，而集中更多的时间专心于自己的事业，抓好事关政策性、全局性、倾向性的工作和问题，严格按照"例外原则"办事，只管那些没有对下授权的例外的事情。若整天忙忙碌碌，捡了芝麻丢了西瓜，才是最大的失误。

领导者要养成对日常事务进行理性分析和分类处理的良好习惯，应根据工作的轻重缓急依次排列，不颠倒工作的主次。

从提高领导处事艺术的角度，领导者的工作可以分成以下四类，并设计相应的处理方式：

（一）常规事情规范化

对常规事情，领导者不必躬亲，可授权下级人员去做，但要规定具体要求、操作程序、考核指标和奖惩规则，使之规范化。

（二）一般事情案例化

一般事情是指有先例可循、有处理此事情经验但对其规律尚未完全认识的工作事项。领导者应该重视以往处理此事情的经验教训，但又不局限于以往的经验。领导者形成工作方案后交给部属去执行，然后听取汇报，进一步总结经验。

（三）例外事情决策化

例外事情是指新情况下的新问题、新矛盾，没有先例，单凭经验难以处理的事项，对此，领导者要遵循决策程序组织力量，群策群力，制定方案，督导实施，检查考评，全程调控和调适，从中总结经验，摸索规律，使之成为案例化和规范化处理模式。

（四）重点事项亲自抓

所谓重点事项，一是关键性，二是薄弱性。关键性就是指与领导目标密切相关并在一定程度上决定领导工作成败的事项；薄弱性指因主客观条件限制使工作受到延误或无起色，需要加强的事项。

二、领导者用权的艺术

领导者所拥有的权力是领导者实施领导的基础和前提。领导者的权力主要有组织法定权和个人影响权两个方面。领导者只有在遵守组织法定权，又不断培养个人影响力的情况下，才能有效地发挥用权的艺术。

（一）要谨慎用权

用权要严格遵守法定权限，不对上越权和向下侵权，这是权力规则的基本要求。越权是任何上级都忌讳和反感的；而侵权既是对下级人格的不尊重，也会挫伤下级工作的积极性。在领导集体里，要相互尊重对方的权力，不应对不属于自己职责范围的事随意表态做主，否则会引起领导者之间互相猜疑、关系紧张等问题，也会给思想觉悟不高的下级人员提供"钻空子"的机会。

不要轻易动用法定权力。如命令、指令，一般不宜过多和过细，要给下级自由主动的余地，惩罚不宜过频或过宽。不要炫耀权力。那些经常把自己的权力挂在嘴上，动辄能把你怎么样的人，是一种没有正确权力观的人，这是一种浅薄的表现。但领导者在必要的时候应坚决果断地使用权力，绝不优柔寡断，以免贻误大事。

（二）用权要讲求实效

用权主要应用事先诱导、警告、指示的方法，使下级从敬畏感出发，自觉服从领导，同领导者一致行动。如领导者事先将组织法定权向下属详细宣布，使下级知道哪些事是他不能擅自做主的，他就会做到事事请示；哪些事是他有权处理的，能避免下级凡事都来请示，从而把服从建立在自觉自愿的基础上。

要善于运用权力对下属进行诱导和控制。合理的批评和处罚、表扬和奖励，都是激励手段。适当扩大通报情况的范围，及时肯定一些人的积极性和创造性，必要时重申有关纪律和禁令，也能激发下属的进取心与创造性，并避免出现越轨行为。控制的主要目的是防止个人行为偏离领导目标，所以及时发现问题并果断处置非常重要。

使用奖惩也是一种用权，但领导者必须同时做耐心细致的说服教育工作。赏罚必须公平，赏罚要就事论事。另外，赏罚要及时，刺激作用才大。

（三）要善于授权

授权是指领导者将自己一定的职权授予下属去行使，使下属在其所承担的职责范围内有权处理问题，做出决定。

授权是一种比较灵活的领导方法，授权的程度受三个因素影响，即领导者的知识、经验、能力、精力和工作习惯，下级的思想业务水平及预期获得成果的大小和组织的规模以及任务的重要程度。领导者如果能合理授权，不仅能使自己摆脱日常琐事的干扰，而且能够使被授权的人受到很好的锻炼和获得成就感的激励。授权的技巧主要有以下几种：

1. 因事择人，视能授权

择人的标准是能力，就是看他是否有这方面的专长和处理该事情的能力。授权不是提升职务，所以不必对人做全面考察，只要他能胜任该任务就行。

2. 明确权责，适度授权

所谓明确权责，就是要向被授权人讲清所授予的权力和责任范围，讲清执行该任务要达到的具体目标。被授权人摸清了领导意图，就会干劲倍增，充分发挥主动性和创造性；领导者还应向有关人员宣布该项授权，以便有关人员协助被授权人共同完成该项任务。所谓适度授权，就是要分层授权，只向自己的直接下属授权。授权一般是一事一授，有关任务完成了就及时收回权力。

3. 授权留责，监督控制

授权留责是对下属充分信任的表现。授权并不是卸责，出了问题，领导者应勇于承担责任，这样下属往后就乐意接受领导者授权并大胆工作。领导者还要支持被授权人的工作，同时领导者仍需监督控制，以免偏离目标方向，或出现滥用权力的现象。

（四）授权应注意的问题

1. 谨防"反授权"

即下级把自己所承担的责权反授给上级，如把自己职权范围内的工作问题、矛盾推给上级。

2. 防止"弃权"

即领导者所拥有的决策权、奖惩权、监督权在任何时候都不能放弃。

3. 防止"越权"

即大权旁落，下属行使了上司的职权。"越权"的主要表现包括先斩后奏，做了事才向领导汇报；片面反映情况，设好圈子让上级领导钻，出了问题将责任推给上级负责；斩而不奏，封锁消息，自己说了算；多头或越级请示等。

三、激励的艺术

（一）掌握激励理论

熟悉激励的基本理论，可以使领导者对如何使员工们努力工作有一个深入的认识。

（二）了解和满足下属的心理需求

了解和满足下属的心理需求是获得理想激励效果的关键，下属的心理需求有以下六点：

1. 愿意保持一致的心理

在不涉及重大原则问题和切身利益时，下属绝不愿与上级发生矛盾。因此，领导者可以通过良好的行为和形象，激励下属自觉自愿地完成上级所交代的任务。

2. 希望得到承认的心理

下属希望自己的劳动、成绩、艰辛等得到上级的承认。因此，领导在下属取得成绩时要及时表扬；出现困难时，也要积极创造条件帮助其解决。

3. 追求平等和公平的心理

下属希望领导者能够尊重人格，了解能力，采纳意见，公正处事。因此，领导者要平等待人，公平处事。

4. 渴望获得理解和信任的心理

理解与信任是每个人都希望得到的，领导者要运用各种方式向下属传递"充分信赖"的信号。

5. 愿意参与领导过程的心理

下属是希望能够参与领导过程的，因此，领导者在制定政策或执行、检查、总结等领导过程中要充分依靠下属，尽量引导他们参加，采纳合理建议。

6. 希望适度自由的心理

下属希望管辖和约束不要过紧，要有适当的自由。因此，领导者不应管得过死、管得过严，在抓好大事的前提下，给予下属适当的自由。

四、协调的艺术

在日常的领导工作中，协调是十分重要的工作。协调讲究方法，也就是要有协调的艺术。

协调的艺术是指在矛盾冲突中，坚持原则性与灵活性的统一处理原则以及掌握协调矛盾的方法和技巧。

（一）上行协调艺术

1. 与上级领导者的交往要适度

这主要体现在以下三个方面：

（1）尊重而不恭维。下级尊重领导，维护领导权威是基本的组织原则，希望得到下级的尊重是领导者的普遍心理，但尊重不等于恭维，正常的上下级关系是建立在尊重领导、支持工作和维护威信的基础上的。

（2）服从而不盲从。下级服从上级是领导者实现领导的基本条件，是上下级关系的基本原则。即使领导的决策、做法有错误或个人与领导有不同意见，下级也应该服从上级，但在具体操作过程中应该采取适当的方式向领导阐明问题的严重性或在实际行动上有所保留、修正和变通。

（3）亲近而不谄媚。上下级之间既要保持经常接触，又要保持一定距离，做到组织上服从、工作上支持、态度上尊重。下级只有通过正直的人格和工作业绩才能赢得领导的好感，并与之建立友谊。

2. 要尽职尽责尽力而不越位

下级要明确自己的特定角色，努力按标准做好工作，又不越位。越位现象主要有四种：

（1）决策越位，做了自己不该拍板的决定。

（2）表态越位，表了不该表的态。

（3）工作越位，做了不该自己做的事。

（4）场合越位，不按场合要求摆正自己的位置。

3. 创造性地执行上级领导者的指示

由于领导所制定的工作方针、计划、要求一般都是比较笼统的，因此，下级必须在领会这些方针、计划的基础上，结合本单位的实际情况创造性地开展工作，这也是下级工作水平和能力的主要体现。

4. 善于将自己的意见变成领导者的意见

下级只有善于使自己的意见被领导者采纳，意见才会有实现的价值。在如何说服领导者采纳自己的意见上，有五点是要注意的：

（1）要掌握不同领导听取意见的特点，采取相应方法反映意见。

（2）要使自己的意见有科学性、可行性，容易被领导采纳。

（3）要选择适当的时间、地点和场合提出意见。

（4）建议中要有几种方案，给领导者留有选择的余地。

（5）点出问题的成败利害，使领导者有紧迫感。

（二）对下协调艺术

上级对下级的协调工作要遵循公正、平等、民主、信任的原则，主要体现在以下四方面：

1. 对"亲者"应保持距离

"亲者"是指与领导观点相近、接触较多者。开明的领导应与"亲者"保持一定距离，这样做有几点好处：①有利于团结大多数人；②有利于客观地观察问题，冷静地处理内部关系；③避免因容易迁就"亲者"而陷入泥潭；④有利于与下属保持持久、真挚的关系。成功的领导者都是以一种超然的、不受感情影响的方式来看待同下属的关系的。领导者要与所有下属打成一片，赤诚相见，对下属不分亲疏，团结友爱，一视同仁。

2. 对"疏者"应当正确对待

"疏者"是指反对自己或有不同意见者。领导应该看到"疏者"往往是自己避免犯错和使自己工作取得成功的重要因素，因此，要客观、公正地对待"疏者"，应有将"疏者"当作治疗自己各种弱点、缺点的良药的气魄。

3. 对下级须尊重以礼

主要体现在要尊重下属的人格尊严，以礼相待，尊重下级的进取精神，维护下级的积极性和创造性，关心与信任下属。

4. 对于纠纷要公平、公正处理，即"一碗水端平"

（三）平行关系协调

同级之间关系的协调遵循以下原则：

（1）互相尊重，平等相待。

（2）相互信任，坦诚相待。

（3）为人正直，光明正大。

（4）相互学习，彼此宽容。

第三节　激励

一、激励及其过程

（一）激励的含义

激励指在特定的条件和环境下，影响人们的内在需要，产生行为动机，从而调动人们的积极性，强化和引导人们的行为，以满足个人需要和实现组织目标的心理过程。激励有以下几个特点：

1. 激励的目标性

任何激励行为都具有其目标性，这个目标可能是一个结果，也可能是一个过程，但必须有一个现实的、明确的、可实现的目标。没有目标的激励毫无价值可言。

2. 激励通过人们的需要或动机来强化、引导或改变人们的行为

人们的行为来自动机，而动机源于需要，激励活动正是对人的需要或动机施加影响，而强化、引导或改变人们的行动。因此，从本质上说，激励所产生的人们的行为是其主动、自觉的行为，而不是被动的、被迫的行为。

3. 激励受特定条件和环境的影响

激励是人们内心对某种需要的一种愿望，激励对个体的内因起着重要的作用。但这种作用在不同的条件和环境下是不同的。

4. 激励是一个心理过程

一旦有未满足的需要，人们就会产生紧张感，从而产生了满足需要的愿望和内驱力，进而产生行为动机，促使行动指导目标的实现，满足个体的需要。

（二）激励的过程

激励是一个非常复杂的过程，它从个人的需要出发，使内心产生未得到满足的欲求，然后引起实现目标的行为，最后在通过努力后使欲望得到满足。

1. 需要

激励的实质就是通过影响人的需要或动机达到引导人的行为的目的，它实际上是一种对人的行为的强化过程。研究激励，先要了解人的需要。需要是人的一种主观体验，是人们在社会生活中对某种目标的渴求和欲望，是人们行为积极性的源泉。人的需要一旦被人们所意识，它就会以动机的形式表现出来，从而驱使人们朝着一定的方向努力，以满足自身的需要。需要越强烈，它的推动力就越强、越迅速。人的需要有三个方面：一是生理状态的变化引起的需要，如饥饿时对食物的需要；二是外部因素影响诱发的需要，如对某种新款商品的需要；三是心理活动引起的需要，如对事业的追求等。

2. 动机

动机建立在需要的基础上。当人们有了某种需要而又未能满足时，心里便会产生一种紧张和不安，这种紧张和不安就会成为一种内在的驱动力，促使个人采取某种行动。从某种意义上说，需要和动机没有严格的区别。需要体现一种外观感受，动机则是内心活动。实际上，一个人会同时具有许多种动机，动机之间不仅有强弱之分，而且会产生矛盾。一般来说，只有最强烈的动机才可以引发行为，这种动机称为"优势动机"。

3. 行为

在企业组织中，员工的行为与工作、生活环境相互作用，任何一种行为的产

生，都有其内在的原因。动机对于行为，有着重要的功能，表现为三个方面：一是始发功能，即推动行为的原动力；二是选择功能，即它决定个体的行为方向；三是维持和协调功能，行为目标达成时，相应的动机就会获得强化，使行为延续下去或产生更强烈的行为，趋向更高的目标，相反，则降低行为的积极性，或停止行为。

4. 需要、动机、行为和激励的关系

通过分析我们知道，人的任何动机和行为都是在需要的基础上建立起来的，没有需要，就没有动机和行为。人们产生某种需要后，只有当这种需要具有某种特定的目标时，需要才会产生动机，动机才会成为引起人们行为的直接原因。但不是每个动机都必然会引起行为，在多种动机下，只有优势动机才会引发行为。员工之所以产生组织所期望的行为，是组织根据员工的需要来设置某些目标，并通过目标导向使员工出现有利于组织目标实现的优势动机，同时按照组织所需要的方式行动。管理者实施激励，即要想方设法做好需要引导和目标引导，强化工作动机，刺激员工的行为，从而实现组织目标。

二、激励理论

（一）马斯洛需要层次理论

需要层次理论是美国心理学家马斯洛于 20 世纪 40 年代提出的。该理论认为，人人都有许多复杂的需要，而这些需要可以按其重要性及发展次序排列成阶梯式的层次系列，从低级到高级分为五个层次：生理需要、安全需要、社交需要、尊重需要与自我实现的需要。

1. 生理需要

生理需要指人类生存最基本的需要，如食物、水、住房、医药等。这是动力最强大的需要，如果这些需要得不到满足，人类就无法生存，也就谈不上其他的需要。

2. 安全需要

安全需要指保护自己免受身体和情感伤害的需要。这种安全需要体现在生活中是多方面的，如生命安全、劳动安全、职业有保障、心理安全等。

3. 社交需要

社交需要包括友谊、爱情、归属、信任与接纳的需要。人们一般都愿意与他人进行社会交往，想和同事们保持良好的关系，希望给予和得到友爱，希望成为某个团体的成员等等。这一层次的需要得不到满足，可能会影响人的精神健康。

4. 尊重需要

尊重需要包括自尊和受到别人尊重两方面。自尊是指自己的自尊心，工作努力不甘落后，有充分的自信心，获得成就感后的自豪感。受人尊重是指自己的工作成绩、社会地位能得到他人的认可。这一层次的需要一旦得以满足，必然信心倍增，否则就会产生自卑感。

5. 自我实现的需要

自我实现的需要是最高一级的需要，指个人成长与发展、发挥自身潜能、实现理想的需要。即人都希望自己能够充分发挥自己的潜能，做最适宜的工作。

值得注意的是，并不是说人非得在某一层次的需求获得百分之百的满足之后，次一个层次的需求才能够显示出来。比较确切的描述是，从较低的层次逐级向上，满足的程度百分比逐级减少。马斯洛所列举的各层次需求，绝不是一种刚性的结构。所谓层次并没有截然的界限，层次与层次之间往往相互叠合，某一项需求的强度逐渐降低，则另一项需求也许随之而上升。此外，可能有些人的需求始终维持在较低的层次上，而马斯洛提出的各项需求的先后顺序，不一定适合每一个人，即使两个相同行业的人，也并不见得有同样的需求。

总之，马斯洛的这一理论，其最大的用处在于它指出了每个人均有需求。身为主管人员，为了激励下属，必须要了解其下属要追求的是什么层次的需求。

（二）赫茨伯格的双因素理论

激励因素—保健因素理论是美国的行为科学家弗雷德里克·赫茨伯格提出来的，又称"双因素理论"。20 世纪 50 年代末期，赫茨伯格和他的助手们在美国匹兹堡地区对两百名工程师、会计师进行了调查访问。访问主要围绕以下两个问题展开：在工作中，哪些事项是让他们感到满意的，并估计这种积极情绪持续多长时间；又有哪些事项是让他们感到不满意的，并估计这种消极情绪持续多长时间。赫茨伯格以对这些问题的回答为材料，着手去研究哪些事情使人们在工作中感到快乐和满足，哪些事情造成不愉快和不满足。结果他发现，使职工感到满意的都是属于工作本身或工作内容方面的；使职工感到不满的，都是属于工作环境或工作关系方面的。他把前者叫作"激励因素"，后者叫作"保健因素"。

那些能带来积极态度、满意和激励作用的因素就叫作"激励因素"，这是那些能满足个人自我实现需要的因素，包括成就、赏识、挑战性的工作、更大的工作责任以及成长和发展的机会。如果这些因素具备了，就能对人们产生更大的激励。从这个意义出发，赫茨伯格认为传统的激励假设，如工资刺激、人际关系的改善、提供良好的工作条件等，都不会产生更大的激励；它们能消除不满意，防止产生问题，但这些传统的激励因素即使达到最佳程度，也不会产生积极的激励。按照赫茨伯格的意见，管理当局应该认识到保健因素是必需的，不过它一旦使不满意中和以后，就不能产生更积极的效果。只有激励因素才能使人们有更好的工作成绩。

保健因素的满足对职工产生的效果类似于卫生保健对身体健康所起的作用。保健从人的环境中消除有害健康的事物，它不能直接提高健康水平，但有预防疾病的效果；它不是治疗性的，而是预防性的。保健因素包括工资、福利、监督、公司政策、管理措施、人际关系、物质工作条件等。当这些因素恶化到人们认为可以接受的水平以下时，人们就会产生对工作的不满意。但是，当人们认为这些因素很好时，它只是消除了不满意，并不会导致积极的态度，这就形成了某种既不是满意又不是不满意的中性状态。

赫茨伯格及其同事以后又对各种专业性和非专业性的工业组织进行了多次调查，他们发现，由于调查对象和条件的不同，各种因素的归属有些差别，但总的来看，激励因素基本上都是属于工作本身或工作内容的，保健因素基本都是属于工作环境和工作关系的。但是，赫茨伯格注意到，激励因素和保健因素都有若干重叠现象，如赏识属于激励因素，基本上起积极作用；但当没有受到赏识时，又可能起消极作用，这时又表现为保健因素。工资是保健因素，但有时也能产生使职工满意的结果。

双因素理论让管理阶层注意到工作内容的重要性，尤其是工作内容和从工作中获得满足感之间的关系。赫茨伯格认为，满足各种需要所引起的激励深度和效果是不一样的。物质需求的满足是必要的，没有它会导致不满，但是即使获得满足，它的作用往往是很有限的，并不能持久。

要激发员工积极主动地工作，不仅要注意物质利益和工作条件等外部因素，更重要的是要注意工作内容的安排。根据每个人的专长和能力分派工作，及时对员工施以精神鼓励，给予表扬和认可，并且让员工有晋升和成长的机会，这种内在激励才是真正驱使员工积极主动工作的最主要因素。

（三）期望理论

期望理论是美国心理学家弗鲁姆于 1964 年在他的《工作与激励》一书中提出的。他通过考察人们的努力行为与其所获得的最终奖酬之间的因果关系，来说明激励的过程。期望理论的基本观点是人们在预期他们的行动将会有助于达到目标的情况下，才会被充分激励起来去做某些事情以达到这个目标。他认为，任何时候，一个人从事某一行动的动力，是由他对行为结果的期望值乘以对目标达成程度的期望值来决定的。换言之，他认为，激励是一个人某一行动的期望价值和那个人认为将会达到其目标的概率的乘积。只有当人们对某一行动成果的效价和期望值同时处于较高水平时，才有可能产生强大的激励力。

弗鲁姆的期望理论辩证地提出了在进行激励时要处理好三方面的关系，这些也是调动人们工作积极性的三个条件。

（1）努力与绩效的关系。人们总是希望通过一定的努力达到预期的目标，如果个人主观认为达到目标的概率很高，就会有信心，并激发出很强的工作力量；反之，如果他认为目标太高，通过努力也不会有很好的绩效时，就失去了内在的动力，导致工作消极。

（2）绩效与奖励的关系。人总是希望取得成绩后能够得到奖励，当然这个奖励也是综合的，既包括物质上的，也包括精神上的。如果他认为取得绩效后能得到合理的奖励，就可能产生工作热情，否则就可能没有积极性。

（3）奖励与满足个人需要的关系。人总希望自己所获得的奖励能满足自己某方面的需要。然而，由于人们在年龄、性别、资历、社会地位和经济条件等方面都存在着差异，他们对各种需要要求得到满足的程度就不同。因此，对于不同的人，采用同一种奖励办法满足不同需要的程度不同，能激发出的工作动力也就不同。

对期望理论的应用主要体现在激励方面，这启示管理者不要泛泛地采用一般的激励措施，而应当采用多数组织成员认为效价最大的激励措施，而且在设置激励目标时应尽可能加大其效价的综合值，加大组织期望行为与非期望行为之间的效价差值。在激励过程中，还要适当控制期望概率和实际概率，加强期望心理的疏导。期望概率过大，容易产生挫折；期望概率过小，又会减少激励力量。而实际概率应使大多数人受益，最好实际概率大于平均的个人期望概率，并与效价相适应。

（四）公平理论

公平理论是美国的斯达西·亚当斯在20世纪60年代提出的。亚当斯通过大量的研究发现，员工对自己是否得到公平合理的待遇十分敏感。员工首先考虑自己收入与付出的比率，然后将自己的收入付出比与其他人的进行比较，如果员工感觉到自己的比率与他人的相同，则认为处于公平状态；如果感到二者的比率不相同，则产生不公平感，也就是说，他们会认为自己的收入过低或过高。

员工的工作积极性不仅受到其所得报酬的绝对值的影响，更受到其相对值的影响。相对值来源于横向比较与纵向比较。横向比较是将自己所做的付出和所得的报酬，与一个和自己条件相当的人的付出和所得的报酬进行比较；纵向比较是指个人对工作的付出和所得与过去进行比较时的比值。比较的结果有三种可能：

（1）感到报酬公平。当企业员工经过比较感到相对值相等时，其心态就趋向平衡。有时尽管他人的报酬超过了自己的报酬，但只要对方的投入也相应的大，就不会有太大的不满。他会认为激励措施基本公平，积极性和努力程度可能会保持不变。

（2）感到报酬不足。在比较中，当员工发现自己的报酬相对低了，他们就会感到不公平，设法消除不公平，并有可能采取以下的措施来求得平衡：一是曲解自己或他人的付出或所得；二是采取某种行为使得他人的付出或所得发生改变；三是采取某种行为改变自己的付出或所得；四是选择另外一个参照对象进行比较；五是辞去工作。员工感到不公平时，工作的积极性往往会下降。

（3）感到报酬多了。当员工感到自己相对于他人而言，报酬高于合理水平时，多数人认为不是什么大问题，他们可能会认为这是自己的能力和经验有了提高的结果。但有关研究也证明，处于这种不公平的情况下，工作积极性不会有多大程度的提高，而有些人也会有意识地减少这种不公。例如，通过付出更多的努力来增加自己的投入，有意无意地曲解原先的比率，设法使他人减少投入或增加产出。

公平理论表明公平与否源于个人的感觉。人们在心理上通常会低估他人的成绩，高估别人的得益。由于感觉上的错误，就会产生心理上的不平衡。这种心态对组织和个人都很不利，所以管理人员应有敏锐的洞察力来体察职工的心情。如确有不公，则应尽快解决；如是个人主观认识的偏差，则有必要进行说明解释，做好思想工作。

三、激励方法

（一）物质利益激励法

物质利益激励法就是以物质利益（如工资、奖金、福利、晋级等）为诱因对员工进行激励的方法。最常见的物质利益激励有奖励激励和惩罚激励两种方法。

奖励激励是指组织以奖励作为诱因，驱使员工采取最有效、最合理的行为。物质奖励激励通常是从正面对员工进行引导。组织首先根据组织工作的需要，规定员工的行为，如果符合一定的行为规范，员工可以获得一定的奖励。员工对奖励追求的欲望，促使他的行为必须符合行为规范，同时给企业带来有益的活动成果。

物质惩罚激励是指组织利用惩罚手段，诱导员工采取符合组织需要的行动的一种激励。在惩罚激励中，组织要制定一系列的员工行为规范，并规定逾越了行为规范的不同的惩罚标准。物质惩罚手段包括罚款、赔偿、扣发工资和奖金等。人们避免惩罚的需求和愿望会促使其行为符合特定的规范。

（二）目标激励方法

目标是组织对个体的一种心理引力。所谓目标激励，就是确定适当的目标，诱发人的动机和行为，达到调动个体积极性的目的。目标作为一种诱引，具有引发、导向和激励的作用。只有不断激发一个人对更高目标的追求，才能诱发其奋发向上的内在动力。正如一位哲人所说："目标和起点之间隔着坎坷和荆棘；理想与现实的矛盾只能用奋斗去统一。困难，会使弱者望而却步，却使强者更加斗志昂扬。远大目标不会像黄莺一样歌唱着向我们飞来，却要我们像雄鹰一样勇猛地向它飞去。只有不懈地奋斗，才可以飞到光辉的顶峰。"

在目标激励的过程中，要正确处理大目标与小目标、个体目标与组织目标或群众目标、理想与现实、原则性与灵活性的关系。在目标考核和评价上，要按照德、能、勤、绩标准对人才进行全面综合考察，定性、定量、定级，做到"刚性"规范，奖罚分明。

（三）榜样激励

榜样激励法是指通过组织树立的榜样使组织的目标形象化，号召组织内成员向榜样学习，从而提高激励力量和绩效的方法。

运用榜样激励法，首先要树立榜样。榜样不能人为地拔高培养，要自然形成，但不排除必要的引导。选择榜样时要注意其确实是组织中的佼佼者，这样才能使人信服。其次，要对榜样的事迹广为宣传，使组织成员都能知晓，这能让组织成员知道有什么样的行为的人才能荣登榜样的地位，使学习的目标明确。还有非常重要的一环就是给榜样以明显的令人羡慕的奖酬，这些奖酬应当包括物质奖励，但更重要的是无形的受人尊敬的奖励和待遇，这样才能提高榜样的效价，使组织成员学习榜样的动力增加。

使用榜样激励方法时还需要注意两点：一是要纠正打击榜样的歪风，否则不但没有多少人愿当榜样，也没有多少人敢于向榜样学习；二是不要搞榜样终身制，因为榜样的终身制会压制其他想成为榜样的人，并且使榜样的行为过于单调。有些事迹多次重复之后可能不复具有激励作用，而原榜样又没有新的更能激励他人的事迹，这时就应该物色新的榜样。

（四）内在激励法

在企业解决了员工基本的温饱问题之后，员工就会更加关注工作本身是否具有乐趣和吸引力，在工作中是否会感受到生活的意义；工作是否具有挑战性和创新性；工作内容是否丰富多彩，引人入胜；在工作中能否取得成就，获得自尊，实现价值等等。要满足员工的这些深层次需要，就必须加强内在激励。

（五）荣誉激励法

从人的动机看，人人都具有自我肯定、赢得光荣、争取荣誉的需要。对于一些工作表现比较突出，具有代表性的先进人物，给予必要的精神奖励，这是很好的精神激励方法。对各级各类人才来说激励还是要以精神激励为主，因为这可以体现人对尊重的需要。荣誉激励还要注重对集体的鼓励，以培养大家的集体荣誉感和团队精神。

（六）信任关怀激励法

一个社会的运行必须以人与人的基本信任做润滑剂，不然，社会就无法正常有序地运转。信任是人体自信力爆发的催化剂，自信比努力更为重要。信任激励是一种基本激励方式。干群之间、上下级之间的相互理解和信任是一种强大的精神力量，它有助于单位人与人之间的和谐共振，有助于单位团队精神和凝聚力的形成。

领导干部对群众信任体现在相信群众、依靠群众、发扬群众的主人翁精神上，对下属的信任则体现在平等待人，尊重下属的劳动、职权和意见上，这种信任体现在"用人不疑，疑人不用"上，而且还表现在放手使用上。刘备"三顾茅庐"力请诸葛亮，彰显一个"诚"字；魏征从谏如流，得益于唐太宗的一个"信"字……这都充分体现了管理者对人才的充分信任。只有在信任的基础之上放手使用，才能最大限度地发挥人才的主观能动性和创造性，有时甚至还可激励其超水平发挥，取得连自己都不敢相信的成绩。

（七）兴趣激励法

兴趣对人的工作态度、钻研程度、创新精神的影响是巨大的，往往与求知、求美、自我实现密切相关。在管理中，只有重视员工的兴趣因素，才能实现预期的精神激励效果。国内外都有一些企业允许甚至鼓励员工在企业内部双向选择和合理流动，包括让员工找到自己最感兴趣的工作。兴趣可以导致专注，甚至入迷，而这正是员工获得突出成就的重要动力。

业余文化活动是员工兴趣得以施展的另一个舞台。许多企业组织并形成了摄影、戏曲、舞蹈、书画、体育等各种团体，促进员工之间的感情交流，使其感受到企业的温暖和生活的丰富多彩，大大增强了员工的归属感，满足了其社交的需要，有效地提高了企业的凝聚力。

第四节　沟　通

一、沟通及其过程

（一）沟通的含义

沟通的简单定义是指信息和思想在两个或两个以上的主体与客体之间交流的过程。有效沟通是指通过沟通的过程，信息得到真实迅速地交流，使组织中需要此信息的个体达成共识，达到沟通所要求的目的。

（1）沟通是实现组织目标的重要手段。组织中的个体或群体为了实现一定的目的，在完成各种具体工作的时候都需要相互交流，统一思想，自觉协调。信息沟通使组织成员团结起来，把抽象的组织目标转化为组织中每个成员的具体行为。没有沟通，一个群体的活动就无法进行，特别是管理者通过与下属的沟通，使员工们了解和明确自己的工作任务，以保证目标的实现。

（2）沟通使管理决策更加合理有效。对信息的收集、处理、传递和使用是科学决策的前提。在决策过程中利用信息传递的规律，选择一定的信息传播方式，可以避免延误决策时间而导致的失败。管理人员通过一定的方式推行决策方案，赢得上级的支持和下级的合作，离开了有效的沟通是达不到这一目标的。

（3）沟通成为企业中各个部门、各成员之间密切配合与协调的重要途径。由于现在的组织建立在职能分工基础上，不同职能部门之间不易互相了解和协作配合。有效的沟通可以使组织内部分工合作更为协调一致，保证整个组织体系的统一指挥和统一行动，从而实现高效率的管理。

（4）沟通是管理人员激励下属，影响和改变别人的态度和行为，实现领导职能的根本途径。沟通不仅能增进员工彼此间的了解，促进彼此间的合作，改善彼此间的关系，也是最大限度地调动员工积极性的一种方式。管理者与员工的定期沟通会提高员工的满意度，从而提高工作效率，降低组织的缺勤率和流动率。

（5）沟通也是企业与外部环境之间建立联系的桥梁。企业外部环境处于不断变化之中，企业为了生存就必须适应这种变化。企业必然要和顾客、政府、公众、原料供应商、竞争者等发生各种各样的关系，它必须按照顾客的要求调整产品结构，遵守政府的法规法令，担负自己应尽的责任，获得适用、廉价的原材料，并在激烈的竞争中取得一席之地，这就迫使企业不得不和外部环境进行有效的沟通。不同规模和不同类型的组织沟通联络的着重点也有所不同。例如，在规模小的企业里，沟通的重点应是对外的，小企业的主管们需要从外部获得信息，以便定位自己的产品和服务。

（二）沟通的过程

在信息沟通中，沟通的程序就是信息发送者将要发送的信息通过一定的渠道传送，信息的接收者在接到信息之后，对信息进行理解，并按接收到的信息采取行动。这个过程可分如下四个步骤：

1. 信息的发出

信息沟通过程是从信息的发出开始的。发送者具有某种意识或想法，但需要纳入一定的形式之中才能传送，此即为编码。编码中常用的符号有语言、文字、图片、照片、手势等。编码最常用的是口头语言和书面语言，除此之外还有体语，即身体语言（如表情）和动作语言（如手势）等，通称为"非语言因素"。

2. 信息的传递

信息的传递指通过一条连接信息发送者与接收者双方的渠道、通道或路径而将信息发送出去。传送信息可以通过谈话、演讲、信函、报纸、电话、电视节目等方式来实现。沟通过程有时需要兼用两条甚至更多的沟通渠道。例如，面对面交谈可以同时使用口头语言和身体语言、动作语言；下级向上级汇报工作时，可以口头汇报之后再提供书面材料。在现代通信技术迅速发展的今天，一条沟通渠道通常可以同时传送多种形式的信息，例如，计算机网络可以把语言、文字、图像、数字等融合在一起传送，这大大方便了复杂信息的传送。信息传送中的障碍也会出现，例如电话中断。沟通渠道选择不当，或者沟通渠道超载，或者沟通手段本身出现问题等，都可能导致信息传递中断、失真甚至根本无法传送给接收者。

3. 信息的接收

信息的接收指从沟通渠道传来的信息，需要经过接收者接收之后，才能达到共同的理解。信息的接收包括接收、解码和理解三个步骤。首先，接收信息的人必须处于准备接收状态才可能接收传来的信息。其次为解码，即将收到的信息符号理解、恢复为思想，然后用自己的思维方式去理解这一思想。只有当信息接收者对信息的理解与信息发送者传递出的信息的含义相同或相近时，才可能产生正确的信息沟通。缺乏共同语言、先入为主和心理恐惧等，都可能导致接收者对信息产生错误的理解。另外，有些人在沟通时喜欢用专门术语、"行话"和简称，这往往会造成"外行人"理解上的困难和障碍，造成沟通失败，甚至产生严重后果。

4. 信息的反馈

为了检查、核实沟通的效果，往往还需要有信息的反馈。没有反馈的沟通过程容易出现沟通失误或失败。反馈是指接收者把收到并理解了的信息返送给发送者，以便发送者对接收者是否正确理解了信息进行核实。在没有得到反馈以前，信息发送者无法确认信息是否已经得到有效的编码、传递、解码与理解。只有通过反馈，信息发送者才能最终了解和判断信息的传递效果，但并不是所有的沟通都会伴随着信息的反馈。我们将不出现信息反馈的沟通称为"单向沟通"；而出现了信息反馈的沟通称为"双向沟通"，即发送者与接收者发生了角色互换，信息的接收者变成发送者，发送者则成为接收者。一般而言，我们将传递反馈信息的渠道称为"反馈渠道"。信息反馈过程中也同样可能出现信息传递过程中的障碍。

二、沟通的基本类型

（一）人际沟通与组织沟通

人际沟通是指人与人之间的信息传递与交流，它是群体沟通和组织沟通的基础。组织沟通是人际沟通的一种表现和应用形式，有效的管理沟通是以人际沟通为保障的。

根据信息载体的不同，人际沟通可分为语言沟通和非语言沟通。组织中最普遍使用的语言沟通方式有口头沟通、书面沟通和电子媒介沟通，非语言沟通主要指利用身体语言及其他手段的沟通。

1. 口头沟通

人们之间最常见的交流方式是交谈，也就是口头沟通。它的形式灵活多样，包括交谈、讲座、讨论会、辩论会、演讲、打电话、QQ 语音聊天、传闻或小道消息的传播等。

口头沟通的优点是用途广泛、信息量大、快速传递和快速反馈。在这种方式下，信息会在最短的时间里被传送，并在最短的时间里得到对方的反馈。如果接收者对信息有疑问，其迅速反馈可使发送者及时检查其中不够明确的地方并进行改正。

但是，当信息经过人传送时，口头沟通的主要缺点便会暴露出来。在此过程中，卷入的人越多，信息失真的潜在可能性就越大。每个人都以自己的方式解释信息，当信息到达终点时，其内容常常与最初的消息大相径庭。如果组织中的重要决策仅仅通过口头方式在权力金字塔中上下传送，则信息失真的可能性相当大，有的时候反馈和核实也比较困难。

有关研究表明，发送者具有知识丰富、发音清晰、语调和善、逻辑性强、心态开放、仪表好、诚实、幽默、机智、自信、诚意、友善等有效沟通的特质，将有助于加强沟通的效果。

2. 书面沟通

当所传送的信息必须广泛地向他人传播或信息必须保留时，口头沟通形式就无法替代以报告、备忘录、信函等书面文字形式的沟通了。书面沟通是以文字为媒介的信息沟通方式，包括文件、报告、信件、书面合同、备忘录、组织内发行的期刊、公告栏及其他任何传递书面文字或符号的手段。

书面沟通的优点是比较规范、传递范围广、有据可查、便于长期保存、信息传递准确度高等。如果对信息的内容有疑问，过后的查询是完全可能的。对于复杂或长期的沟通来说，这尤为重要。一个新产品的市场推行计划可能需要好几个月的大量工作，以书面方式记录下来，可以使计划构思者在整个计划的实施过程中有一个参考。书面沟通的优势来源于其过程本身。除个别情况外（如准备一个正式演说），书面语言比口头语言考虑得更为周全，把东西写出来会促使人们对自己要表达的东西认真地思考。因此，书面沟通显得更为周密，逻辑性强，条理清楚。

书面沟通也有缺陷。书面沟通虽更为精确，但耗费更多的时间，另一个主要缺点是缺乏及时反馈。口头沟通能使接收者对其所听到的东西及时提出自己的看法，而书面沟通则不具备这种内在的反馈机制。书面沟通的结果是无法确保所发生的信息能被接收到，即使被接收到，也无法保证接收者对信息的解释正好是发送者的本意。

3. 电子媒介沟通

所谓电子媒介沟通，是指将包括图表、图像、声音、文字等在内的书面语言性质的信息通过电子信息技术转化为电子数据进行信息传递的一种沟通方式或形式。它的主要特点和优势是可以将大量信息以较低成本快速地进行远距离传送；缺点是有时受技术因素影响较大，很多交流需要技术成本来支撑，需要具有一定的专业知识、操作技能才能进行。电子媒介沟通形式只存在于工业革命之后，即电子、信息技术得到人类认识和应用之后。按照电子数据采用的具体设施和工具、媒介不同，电子数据沟通又可细分为电话沟通、电报沟通、电视沟通、电影沟通、电子数据沟通、网络沟通、多媒体沟通等七种主要形式。电话沟通又可细分为有线电话和无线电话沟通，或电话交谈、电话会议、电话指令等多种形式。

4. 非语言沟通方式

一些极有意义的沟通既非口头形式也非书面形式，如声光信号、体态、语调等是通过非文字形式告诉我们信息的。其优点是信息内涵丰富、含义比较灵活；缺点是传递距离有限，信息模糊，而且很多时候只可意会不可言传。如培训讲师给员工培训时，当看到员工们眼神无精打采或者有人开始翻阅报纸、玩手机时，无须语言说明，员工已经告诉他（她），他们厌倦了。同样，当纸张沙沙作响、笔记本开始合上时，所传达的信息意义也十分明确，该下课了。人们熟知的非语言沟通主要包括体态语言、语调和距离。

（1）体态语言。体态语言包括手势、面部表情、目光或静态无声的身体姿势、空间距离及衣着服饰等其他身体动作形式。手势、面部表情及其他姿态能够传达诸如攻击、恐惧、傲慢、愉快、愤怒等情绪或感情。

（2）语调。语调是指个体对词汇或短语的强调。下面我们举例说明语调如何影响信息。假设员工问经理一个问题，经理反问道："你这是什么意思？"反问的声调不同，员工的反应也不同。轻柔平和的声调和刺耳尖利、重音放在最后一词所产生的意义完全不同。大多数人会得知第一种语调表明某人在寻求更清楚的解释；而第二种语调则表明此人具有攻击性和防卫性。

（3）距离。距离是指人与人交往过程中彼此之间空间的远近。研究表明，距离是一种无声的语言，在管理过程中，人与人之间距离的远近所表示的含义不相同，心理距离越近，交往的空间距离也就越近。一般而言，不超过 18 英寸属于亲密距离，表示关系亲密，相互接触；18 英寸到 4 英尺之间属于人际距离，表示非正式的个人交谈；4～12 英尺之间属于社会距离，表示公共事务、社交聚会等；12 英尺以上属于公共距离，表示关系疏远，影响轻微。因此，管理者要善于利用距离来进行有效的沟通。

任何口头沟通都包含了非语言信息，这一事实应引起极大的重视。这是因为非语言要素可能给沟通造成极大的影响。研究者发现，在口头交流中，信息的55% 来自面部表情和身体姿态；38% 来自语调；而仅有 7% 来自真正的词汇。

当今时代，我们依赖各种各样复杂的电子媒介传递信息。除了极为常见的媒介（报纸及杂志）之外，还有电视、电话、广播、计算机、公共邮寄系统、静电复印机、传真机等。将这些设备与言语和纸张结合起来就产生了更有效的沟通方式。其中，发展最快的应该是电子邮件。只要计算机之间通过网络相连接，个体就可以通过计算机迅速传达书面信息。存储在接收者终端的信息可供接收者随时阅读。电子邮件迅速而廉价，并可以同时将一份信息传递给多人。它的优缺点与书面沟通相同。

（二）正式沟通与非正式沟通

组织沟通是指在组织内部进行的信息交流、联系和传递活动。在一个组织内部，既存在着人与人之间的沟通，也存在着部门之间的沟通。管理者除了搞好人际沟通之外，还应关心部门间的沟通问题。良好的组织沟通是疏通组织内外部渠道、协调组织内外部关系的重要条件。由于组织中人们各自有不同的角色，并且受到权力系统的制约，因而组织内部的沟通比单纯的人际沟通更为复杂。

组织既是一个由各种各样的人所组成的群体，又是一个由充当着不同角色的组织成员所构成的整体。在一个组织中，既有正式的人际关系，又有正规的权力系统。因此，组织沟通可分为两大类，即正式沟通和非正式沟通。

1. 正式沟通

正式沟通就是按照组织设计中事先规定好的结构系统和信息系统的路径、方向、媒体等进行的信息沟通，如组织之间的信函来往、文件、召开会议、上下级之间的定期情报交换以及组织正式颁布的法令、规章、公告等。其优点主要是正规、严肃、富有权威性，参与沟通的人员普遍具有较强的责任心和义务感，从而容易保持所沟通信息的准确性。缺点主要是对组织机构依赖性较强，容易产生沟通速度迟缓、沟通形式刻板的问题，存在信息失真现象。

2. 非正式沟通

非正式沟通是指正式组织途径以外的信息沟通方式。企业除了正式沟通外，需要并且客观上存在着非正式沟通。这类沟通主要是通过个人之间的接触以小道消息传播方式来进行的。它一方面满足了员工的需求，另一方面弥补了正式沟通的不足，带有一种随意性和灵活性，并没有一种固定的模式或方法，但它要求管理人员要在日常人际交往活动中把握分寸，适时沟通，相互交流思想，减少心理上的隔阂，这则是管理人员的更高层次的要求。非正式沟通的主要功能是传播员工（包括管理人员和非管理人员）所关心的、与他们有关的信息，它取决于员工的个人兴趣和利益，与沟通正式与否无关。非正式沟通的优点是速度快、效率高、形式不拘、能够满足员工的社会需要；它的缺点是难以控制、信息容易失真、容易导致拉帮结派、影响组织的凝聚力和人心的稳定。

与正式沟通相比，非正式沟通有以下五个特点：

（1）非正式沟通信息交流速度较快。由于这些信息与员工的利益相关或者是员工比较感兴趣的问题，其信息内容要比一般正式沟通更容易被员工知晓，信息传播速度大大加快。

（2）非正式沟通的信息比较准确。据研究，它的准确率高达95%。一般来说，在非正式沟通中，信息的失真主要源于形式上的不完整，但并不是提供无中生有的谣言。人们常常把非正式沟通与谣言混为一谈，这是缺乏根据的。

（3）非正式沟通可以满足员工的需要。由于非正式沟通不是基于管理者的权威，而是出于员工的愿望和需要，因此，这种沟通常常是积极的、卓有成效的，且可以满足员工的安全需要、社交需要和尊重需要。

（4）非正式沟通效率较高。非正式沟通一般是有选择地、针对个人的兴趣传播信息，正式沟通则常常将信息传递给根本不需要它们的人。

（5）非正式沟通有一定的片面性。非正式沟通中的信息常常被夸大、曲解，因而需要慎重对待。

总之，与正式沟通相比，非正式沟通具有弹性，只要时间许可，彼此随时都可进行信息交流，而且也可随时结束信息交流。非正式沟通打破层级界限，不受层级影响，不受时空限制，信息的发送者与接收者居于平等的地位，沟通时不易感受到压力的存在。它可以弥补正式沟通的不足，可以收集到正式沟通以外的信息，协助组织改进，可以澄清正式沟通的信息，避免信息遭曲解或误解，可以及时获取组织成员对于政策的反应，提供给决策者参考，也可以增加组织成员互动的机会，促进组织成员的情感交流，还可以提供组织成员发泄其不满的渠道，协助成员进行情绪管理。

但非正式沟通也有其负面影响，主要有散布错误信息，以讹传讹，制造组织内部矛盾，影响团队士气；容易造成组织革新的阻力，阻碍组织的进步与发展；信息不易澄清，导致人际关系紧张与猜忌；等等。总之，非正式沟通犹如一把双刃剑，善用之则可增强组织的效能，否则反之。因此，身为组织的领导者，为发挥良好的沟通效果，应该学习整合正式沟通与非正式沟通的功能，以帮助组织的改进与发展。

关于非正式沟通的管理方面，首先要对非正式沟通进行引导，发挥它的积极作用。其次，还要加强对信息的辨别能力。中国有句俗话叫"无风不起浪"，是有一定依据的，但另一些时候，小道消息可能是出于一些人的恶意，故意扰乱局面，这个时候就应加强对信息的辨别，以防止虚假信息对决策的误导。最后，应正确对待不利于组织的信息，对于这种信息要迅速收集，并采取有力措施加以控制，最好的办法就是用真实的信息对它加以更正。真实的信息一出，谣言自然不攻自破。

（三）下行沟通与上行沟通

按照组织内部信息沟通流向可将沟通分为下行沟通和上行沟通。

1. 下行沟通

下行沟通即自上而下的沟通，指管理者通过向下沟通的方式传送各种指令政策给组织的下层。其中的信息一般包括有关工作的指示，工作内容的描述，员工应该遵循的政策、程序、规章等，有关员工绩效的反馈，希望员工自愿参加的各种活动等。下行沟通渠道的优点是它可以使下级主管部门和团体成员及时了解组织的目标和领导意图，增强员工对所在团体的向心力与归属感。它也可以协调组织内部各个层次的活动，加强组织原则和纪律，使组织机器正常运转下去。而它的缺点是，如果这种渠道使用过多，上属会在下属心中形成高高在上、独裁专横的印象，使下属产生心理抵触情绪，影响团体的士气。此外，由于来自最高决策层的信息需要经过层层传递，容易被耽误、搁置，所以有可能出现事后信息曲解、失真的情况。

常见的下行沟通方式有工作指示、谈话、会议纪要、广播、年度报告、政策陈述、程序、手册和公司出版物等。其通常的表现形态是在组织职权层级链中，信息由高层次成员向低层次成员流动，如上级向下级发布各种指令、命令、指导文件和规定等。这种自上而下的沟通在实行专制式领导的组织中尤为突出。

2. 上行沟通

上行沟通即自下而上、点面结合的沟通，指在组织职权层级链中信息由下层向上层流动。如下级向上级提出自己的意见和建议、组织成员和基层管理人员通过一定的渠道与管理决策层所进行的信息交流等。它通常存在于参与式或民主式领导的组织环境中。

上行沟通有两种表达形式：一是层层传递，即依据一定的组织原则和组织程序逐级向上反映；二是越级反映，这指的是减少中间层次，让决策者和团体成员直接对话。上行沟通的优点是员工可以直接把自己的意见向领导反映，获得一定程度的心理满足；管理者也可以利用这种方式了解企业的经营状况，与下属形成良好的关系，提高管理水平。上行沟通的缺点是在沟通过程中，下属因级别不同造成心理距离，形成一些心理障碍；害怕"穿小鞋"、受打击报复而不愿反映意见。同时，向上沟通常常效率不佳。有时，由于特殊的心理因素，经过层层过滤，导致信息曲解，出现适得其反的结果。

常见的上行沟通方式有设置意见箱、做报告、汇报会、接待日、信访制等。

相比较而言，向下沟通比较容易，居高临下，甚至可以利用广播、电视等通信设施；向上沟通则困难一些，它要求基层领导者深入实际，及时反映情况，做细致的工作。一般来说，传统的管理方式偏重于向下沟通，管理风格趋于专制；而现代管理方式则是向下沟通与向上沟通并用，强调信息反馈，增加员工参与管理的机会。

（四）单向沟通与双向沟通

按照是否执行反馈的标准，沟通可分为单向沟通和双向沟通。

1. 单向沟通

单向沟通是指没有信息反馈的沟通。单向沟通比较合适下列四种情况：

（1）问题较简单，但时间较紧。

（2）下属易于接受解决问题的方案。

（3）下属没有解决问题的足够信息，在这种情况下，反馈不仅无助于澄清事实，反而容易混淆视听。

（4）上级缺乏处理负反馈的能力，容易感情用事。

2. 双向沟通

双向沟通指有反馈的沟通，即信息发送者和接收者之间相互进行信息交流的沟通。从时间上看，双向沟通比单向沟通需要更多时间；从准确程度上看，双向沟通中，沟通双方对沟通的内容都比较信任；从满意程度上看，接收者比较满意双向沟通，而发送者更倾向于使用单向沟通；从影响方式上看，由于与问题无关的信息容易进入沟通渠道，所以双向沟通的噪音要比单向沟通的大得多。双向沟通比较适合于下列四种情况：

(1) 时间比较充裕，但问题比较棘手。

(2) 下属对解决方案的接受程度至关重要。

(3) 下属能提供有价值的信息和建议。

(4) 上级习惯于双向沟通，并且能够有建设性地处理负反馈的能力。

(五) 横向沟通与斜向沟通

1. 横向沟通

横向沟通是水平方向的沟通，也称"平行沟通"，是指组织结构中处于同一层级的人员或部门间的信息沟通。在组织中，平行沟通又可具体划分为四种类型：一是组织决策阶层与工会系统之间的信息沟通；二是高层管理人员之间的信息沟通；三是组织内各部门之间的信息沟通与中层管理人员之间的信息沟通；四是一般员工在工作和思想上的信息沟通。

平行沟通具有许多优点，如它可以使办事手续简化，节省时间，提高工作效率；可以使组织各个部门之间相互了解，有助于培养整体观念和合作精神，克服本位主义倾向；可以增加职工之间的互谅互让，培养组织成员之间的友谊，满足成员的社会需要，使成员提高工作兴趣，改善工作态度；等等。其缺点表现在平行沟通头绪过多，信息量大，易造成混乱；此外，平行沟通尤其是个体之间的沟通也可能成为职工发牢骚、传播小道消息的一个途径，造成涣散团体士气消沉。

2. 斜向沟通

斜向沟通，也称"交叉沟通"，指信息在处于不同组织层次的没有直接隶属关系的人员或部门间的沟通。它时常发生在职能部门和直线部门之间，如当人事部门的一位主管直接与级别比他高的生产部门经理联系时，他所采取的是斜向沟通。斜向沟通的目的是加快信息的传递，但为了尽量减少它对组织的等级链的影响，斜向沟通也常常伴随着下行沟通或上行沟通的发生。横向沟通和斜向沟通往往具有业务协调的作用。

(六) 信息沟通网络

信息沟通网络指的是信息流动的通道，是由若干环节的沟通路径所组织的总体结构。组织中的许多信息通常都需要经由多个环节传递才能到达最终接收者。如果不能在组织内部建立良好的信息传递网络，信息就很难在多人之间进行有效的交流。信息流动的通道是多种多样的，如组织之间的公函来往以及组织内部的文件传达、会议召开、上下级之间的工作汇报等。

其实，在正式组织环境中，信息沟通网络错综复杂，一般是多种模式的综合，具体表现为以下五种沟通形态，即链式、环式、Y 式、全通道式和轮式。

1. 链式沟通

链式沟通指信息在组织成员之间只能从一个人到另一个人，将信息进行单线、顺序沟通的网络状态。在一个沟通群体内，居于两端的人只能与内侧的一个成员联系，居中的人则可分别与两端的人沟通信息。它的沟通渠道类似于一条双向流水线。链式沟通的信息只能逐级传递，不能越过中间的一个沟通人而直接与不相邻的人沟通。成员之间的联系面很窄，平均满意度较低。信息经过层层传递、筛选，容易失真，最终环节所收到的信息与初始环节发送的信息差距往往很大。在一个组织系统中，它相当于一个纵向沟通网络，代表组织的各级层次自上而下地传递信息。信息传送速度与链条长短、各链节间距成反比，但与各链节间传送效率成正比。链条越长，各链节间间距越远，各链节间传送效率越低。这种网络表示组织中主管人员与下级部属之间存在若干管理者，属于控制型结构。

2. 环式沟通

环式沟通可以看成是链式沟通的一个封闭式控制结构，表示组织所有成员之间不分彼此地依次联络和传递信息。其中，每个人都可同时与两侧的人沟通信息，因此，大家地位平等，不存在信息沟通中的领导或中心人物。在这个网络中，信息流动通道不多，组织成员有比较一致的满意度，组织的士气高昂，但组织的集中化程度和领导者的预测能力较低，沟通速度慢，信息易分散，难以形成中心。如果需要在组织中创造出一种向上昂扬的士气来实现组织目标，环式沟通是一种行之有效的方式。

3. Y 式沟通

这是一种纵向沟通网络，其中只有一个成员位于沟通的中心，成为沟通网络中拥有信息而具有权威感和满足感的人。其实，在现实中我们常看到的是倒 Y 型网络形式，比如，主管、秘书和几位下属构成的倒 Y 型网络，就是秘书处于沟通网络中心地位的一个实例。组织中的直线职能系统也是一种变形 Y 式网络，这一网络大体上相当于一种主管领导从参谋、咨询机构处收集信息和建议，形成决定后再向下级人员传达命令的信息联系方式。但这种沟通网络集中化程度高，较有组织性，信息传递速度快，组织控制较严格，它通常适用于领导者工作任务繁重，需要有人协助筛选信息和提供决策依据，同时又要对组织实行有效控制的情况。但这种沟通网络容易导致信息扭曲或失真，沟通的准确性受到影响，组织成员间缺乏横向沟通，成员满意度较低，组织气氛不大和谐，从而影响组织成员的士气，阻碍组织提高工作效率。

4. 全通道式沟通

这是一个全方位开放式的网络系统，其中每个成员之间都有不受限制的信息沟通与联系。采用这种沟通网络的组织，集中化程度及主管领导的预测程度均很低。由于沟通通道多，组织成员的平均满意程度高且差异小，所以士气高昂，合作气氛浓厚，有利于集思广益，提高沟通的准确性，这对解决复杂问题、增强组织合作精神、提高士气均有很大的作用。但由于沟通的通道多，容易造成混乱，并且讨论过程通常较长，信息传递费时，会影响工作效率。委员会方式的沟通就是全通道式沟通网络的应用实例。

5. 轮式沟通

这种网络中的信息是经由中心人物而向周围多线传递的，其结构形状因为像轮盘而得名，也叫作"辐射型沟通网络"。这属于控制型沟通网络，其中只有一个成员是各种信息的汇集点与沟通中心，沟通中心和其他每个人之间都有双向的沟通渠道，但非沟通中心的个人之间没有直接沟通渠道，必须通过将信息传递给沟通中心，再由沟通中心将信息传递给沟通目标人，才能进行互相沟通。在组织中，这种网络大致相当于一个主管领导直接管理几个部门的权威控制系统，所有信息都是通过他们共同的领导人进行交流的，因此，信息沟通的准确度很高，效率和集中化程度也较高，解决问题的速度快，领导人的控制力强，预测程度也很高，但各个一般沟通人之间缺乏直接联系，导致他们之间管理沟通较难进行，成员的满意度低，士气可能低落，而且此网络中的领导者在成为信息交流和控制中心的同时可能面临着信息超载的负担。一般来说，如果组织接受攻关任务，要求进行严格控制的同时又要争取时间和速度时，可采用这种网络。

每种沟通网络都有优缺点，在实际工作中，应根据工作性质和员工特点选择相应的沟通网络。

三、沟通的障碍

(一) 个人感知

感知是人们认识外部世界的最基本的环节。感知作为人们认识、理解和选择外部环境的进程，在很大程度上受到个人生理、心理、生活经历等众多因素的影响。即使是在同一环境中，对于同一信息，不同的个体因感知的不同，也会按照自己的参照系来理解这个信息。没有哪两个人有完全相同的生理和心理条件，也不存在完全相同的经历。因此，个人实际上都是一个小小的认识中心，都会从自身的角度看待某一问题。从个人感知的差异出发，个人会对需要沟通的信息产生不同的理解，从而影响沟通的有效性。具体来说，因感知所造成的沟通障碍主要表现在以下方面：

1. 环境与知识背景的差异

人们经常说的"心领神会"，实质上指的是这样一种交流现象：交流双方无须多说或多做解释，双方就理解了对方的意思，甚至包括那些隐藏在语言后面的意思。这主要缘于双方有长期的交流经验，因而知道对方要表达的真实意思是什么。更为重要的是，双方即使没有长期的直接交流，但有共同的知识背景，都在同样的环境中工作、生活过，遇到过同样的问题，因此，当对方要表达某种信息时，接收者实质上是在这些环境和知识背景的帮助下，去理解对方表达的意思。这样，双方很容易沟通。但是，这种情况也表明，如果双方没有这种共同的环境和知识背景，就可能妨碍双方的相互理解。

2. 个性

除了环境、知识和经历这些外部客观因素影响个人对信息的理解外，个人的动机、个性、情绪及感觉等，也有可能造成影响。一个人情绪好时，会更认真地分析所接收的信息；一个生性乐观、希望得到晋升的人，很可能会把领导任何一次对自己的鼓励或微笑都理解为晋升的信号；而心胸狭隘、生性多疑的人，甚至会把别人看他一眼都理解为对他的不满。

3. 个人偏好

沟通中经常出现这样的情况，如信息接收者或者出于个人愿望，或者出于个人目的，总是有意地强调信息的某个方面，而忽略了另一个方面；或者强调某个信息而忽略另外的信息。实际上，人们经常是有选择地接收信息。人们常说的"报喜不报忧"、"偏听偏信"、"忠言逆耳"等，就反映了这种情况。之所以会出现这种个人偏好或认识上的选择性，其主要原因是人们为了避免矛盾、冲突，有意无意地排斥一部分信息。心理学家认为，第一，人们一般都不重视与原有的看法、期望和价值观不一致的新信息；第二，人们一般重视从一个不太可靠的来源得到的、比原来期望要好的坏消息；第三，如果从这个来源得到的信息与过去期望相比一样坏，他对这个来源就不太重视；第四，如果这个信息比期望的还要坏，他对这个来源就更不重视。

4. 感知遗漏

通常人们认为，只要信息发送者说清楚写明白，信息接收者听清楚看明白，信息就不会发生曲解。其实不尽然，因为这两个前提就很难保证。你个人认为已经写得很清楚了，实际上模糊不清；你个人认为是一目了然的东西，实际上可能遗漏了一些东西。即使是清楚的信息，人们也可能出错。

（二）语义歧义

信息沟通大多数是通过语言进行的。但是，在有些情况下，语言会成为沟通的障碍。因为，有时一个文字或一句话，存在着多种含义，每个人在进行语言表达时，都按照自己的情况赋予他所使用的词以特定的含义。实际上人们在使用语言进行沟通时，都是从众多可能的含义中选择一种自认为正确的含义，这就存在着误解或曲解的可能性。人们对于语言产生歧义性的理解，主要有以下三种情况：

1. 不同背景的不同理解

对于同一句话，听话人从不同的背景出发，可能会产生完全相反的理解。

2. 一词多义

这在任何一种语言中都是普遍的现象，语言的多义性自然就会造成理解的歧义性。

3. 上下文联系

有时人们对语言产生误解，是因为没有从语言的上下文联系中进行理解，而是单独挑出一句话或几个字，即所谓的"断章取义"。任何一个相对完整的语言信息，其完整的意义都有赖于同其他语句的关系。一些语句单独抽出来是一种意思，放在上下文联系中看又是另外一种意思，很多理解的歧义就是因此而产生的。

（三）信息过量

虽然信息沟通对组织来说是非常重要的，但并非越多越好。在一些情况下，过多的信息沟通不但无助于组织的沟通，反而会起到妨碍作用。大量的信息和信息沟通蜂拥而至，人们往往会淹没在这浩如烟海的信息和沟通行为之中，这会造成两种不良后果：

（1）人们根本无法或没有能力处理超量的信息。大量的信息传来，人们或者只能草草地处理一下，没有办法进行认真分析；或者采取根本不理睬的态度，能处理哪些就处理哪些，结果许多有价值的信息未被认真对待。

（2）如果花费许多时间在信息沟通上，并且不加区分地进行，结果是使人们再没有更多的时间放在实际工作上，沟通变成了为沟通而沟通。合理的信息沟通，其重点在质不在量。信息沟通的功能或目的在于组织的发展，而许多无用的信息只会干扰组织的发展。"文山会海"即属于"超负荷信息"沟通。许多人陷在"文山会海"之中，浪费了大量的时间和精力，无暇顾及工作。"文山会海"名义上都是信息沟通，实际上它们妨碍了真正的、有价值的信息沟通。因此，在信息过量的情况下，常见的结果是大量会议陷入无休止的争论中，议而不决，决而不做；大量的纸质的信息资料无人认真对待，被堆在库房中，最后被当作废纸卖掉。

（四）地位冲突

在一个组织，人们在地位上的差异也有可能成为阻碍沟通的因素。大量研究表明，一方面，人们之间自发的沟通往往发生在同等地位的人之间。因为同等地位的人进行沟通，往往没有压抑感，有什么说什么，不必担心因说错了什么而受到损害；而地位存在差异的人之间进行沟通，则可能存在压抑感。此外，人们经常根据一个人地位的高低来判断所进行沟通的信息的准确性，相信地位高的人提供的信息是准确的。也就是说人们不重视信息本身的性质，而是看重信息提供者或接收者。另一方面，有的人表现出愿意同地位较高的人进行沟通，而对地位较低的人的意见不重视，甚至否定。

（五）其他因素

除了上述几个方面的因素会妨碍有效沟通外，还有一些因素也会对沟通产生不利影响。

1. 时间

人们的工作时间是相对固定的。组织的沟通行为主要是在这个工作时间范围内进行。如果组织内各级的管理幅度过宽，如一个管理人员负责几十名下属，则在有限的工作时间内很难和每个下属都进行有效的沟通。

2. 环境

如果在一个很嘈杂的背景下进行谈话，人们会感到很费力，因为常常听不清对方的意思，谈话会变得漫不经心，甚至中断。信息沟通时同样如此，特别是在两个人就不同看法交换意见时，本来需要认真听取对方的看法，并进行冷静的思考，这时如果不断地被他人或其他事情干扰，双方就很难做深入的讨论，工作有可能会因意见交流不够受到影响。因此，选择适当的环境进行信息沟通是非常重要的。

3. 利益

在很多情况下，许多人出于自身各种各样的考虑，会对向上流动的信息进行"过滤"。他们或是怕某些信息上传对自己不利，或是为了得到自己需要的结果，都按照自己的需要层层过滤有关信息。而这种信息即使上传到领导层，往往也反映不了全面真实的情况。

信息沟通的障碍是一种客观存在，人们不可能完全消除它们。但是，人们完全可以采取一些措施，以改进组织中的沟通，尽量避免对沟通的损害。

四、有效沟通的措施

为了改善组织中的沟通，人们进行了大量的研究和探索，提出了改进的措施。这些措施归纳起来主要分为两大类，即技术和方法性的措施和制度性的措施。

（一）技术和方法性措施

改善沟通的技术和方法主要是针对信息在流动过程中出现的问题予以克服。

1. 表达

进行有效的信息沟通，其前提是人们表达的信息必须清楚明确，能使别人理解。无论是文字，还是谈话，首先要做到让别人明白。这看似很容易，实际上要做得很好并不容易。一个好的沟通者应该具有较好的表达能力，能将自己的意思完整准确地表达出来。

如果是文字信息，应该简明扼要，具有一定的可读性，尽量选择精确的词汇。我们经常看到一些文件、通知、简报等晦涩难懂，不用说理解，连读都很困难。特别是有些文字信息，不考虑对象的具体情况，普通员工就很难理解。谈话同样如此，谈话的特殊性在于它是即时发生作用的。

一般来说，信息越简单明了，就越容易得到正确的理解。如果要表达的信息十分复杂，则应该逐步表达出来，给接收者以理解、消化信息的机会。

2. 听取

信息的接收是沟通的重要环节。在工作实践中，大量的信息是通过口头语言形式传递的。因此，口头语言的接收成为改善沟通效果的基本方面。没有对信息的接收就谈不上继续沟通。许多人，特别是组织的管理者，由于不善于倾听其他人的意见和看法，而使沟通受到阻碍。

有效地听取信息并不是一件很容易的事情。人们经常不能抓住谈话者的中心；或者不能专心倾听，胡思乱想；或者为自己的情绪所左右，一听到不顺耳的信息就开始反驳争论；或者喜怒形于色，使得谈话对方要根据自己的脸色来决定如何谈话。而善于听取信息的人，则能在一定的时间内掌握更多的信息。他们善于理解人们的谈话，注意谈话时的表情和姿态，这些都会鼓励对方把自己想谈或要说的东西全部表达出来，而且说话人会认为自己的看法得到重视。善于听取信息的人，有可能掌握比平常的交谈更多的信息，一些在平常情况下不易表达出来的想法，在一种融洽的谈话气氛中会自然而然地表达出来。因此，能够认真有效地听取信息，是一种重要的沟通能力。有人认为，通过训练听取信息的能力，可使人们对有关信息的理解力比平时提高 25% 以上；不善于倾听的沟通者则无法获得有价值的信息。

3. 设身处地，换位思考

这是在沟通过程中，一个人把自己放到对方的位置上去思考问题，这样有助于双方的相互理解。心理学的研究表明，人类之所以能够相互交流思想，原因之一就是人类具有这种设身处地、由己及人的能力。人能够超越自身，站在他人的角度上思考问题，这为相互理解提供了共同的基础。如果缺乏这种能力，人与人之间的交流就会受到阻碍。因为无法换位思考的人不能理解对方为什么这么说，也不知道自己的反应会给对方造成什么影响。

具有这种换位思考的能力，意味着可以更好地理解他人，了解他人的处境和个人特殊原因，能与对方建立起感情上的沟通，而感情相通者甚至可以预测对方对信息的反应。一个管理者如果能设身处地了解下级的困难和问题，他就能够做出恰当的决定，通过信息沟通激励下级更加努力地工作。特别是当沟通出现困难时，设身处地地站在对方立场上思考就变得十分重要。沟通者应运用这种方法，找出困难的原因所在，然后给予解释说明，解决存在的问题，沟通才会顺利进行。缺乏这种能力的人，往往在沟通已出现困难的情况下，依然未能察觉，完全忽视了对方的存在。

4. 双向沟通

为了避免沟通过程中的误解、曲解，人们可运用反馈原理建立起沟通渠道。即不断跟踪、调查和检查信息的理解情况，了解接收者的反应，据此调整信息的传递过程，这种方法被称为"双向沟通"。双向沟通可以分为直接和间接两种。前者主要表现为面对面与同时；后者表现为通过某种媒介与不同时。直接的双向沟通更有利于相互理解。

美国管理心理学家莱维特对单向沟通和双向沟通总结如下：

（1）单向沟通比双向沟通速度快。

（2）在正确理解内容上，双向沟通比单向沟通更准确。双向沟通可通过不断的反馈对自己的理解做出判断。

（3）单向沟通过程比较有秩序，而双向沟通过程由于反复地提问、讨论，比较混乱吵闹，显得秩序紊乱。

（4）由于双向沟通存在反馈，信息接收者对自己的判断和行为比较有把握，可随时改正错误。

（5）信息发送者在双向沟通中会承受较大的心理压力，因为他所发布的指令或其他信息经常会受到接收者的反问，他必须随时准备做出解释，引导接收者。而单向沟通中一旦信息发送出去，发送者与接收者就不会再有直接的联系。单向沟通和双向沟通各有优缺点，各有自己的适应范围。如果是紧急的事情，或者是例行公事，单向沟通有其快速、简捷的优势。但是单向沟通过程不存在反馈，信息发送者对于信息发送的过程及信息接收的情况无法了解，没有办法及时进行调控，会在一定程度上影响沟通效果。双向沟通虽然速度慢，传递过程有些混乱，但可保证沟通的准确性，应是尽可能采用的重要方法。

5. 例外与须知原则

为了解决信息过量妨碍沟通的问题，有两种方法可以考虑。第一，只有那些属于"例外"的情况，而不是例行的指令等信息，才由下级按照正式渠道向上沟通，只有这样才能保证上级了解到的信息都属于他们必须要注意的、这些信息反映了对原有期望状态的偏离。第二，上级只将那些必须让下级了解的信息向下传递，以免干扰下级对信息的理解。但是必须注意，运用这两种方法有一个前提，即组织的结构和日常行为比较规范，无须过多的沟通就可有条不紊的工作。因此，只有在必要的情况下，才进行必要的信息沟通。

（二）制度性措施

沟通的技巧和方法固然重要，但沟通绝不仅仅是一种临时性的技巧和方法。沟通是一种组织制度，改善沟通也必须有制度性措施。

1. 建立常用的沟通形式

为使组织管理人员和全体职工更好地了解情况，组织可考虑建立自己的内部报刊、印发小册子等，还可建立定期的例会制度，使有关工作的情况在会上得到及时沟通。

2. 召开职工会议

经常召开职工会议，让各类职工聚集在一起，发表意见，提出看法，这是非常有价值的沟通形式。这种职工会议不是指每年一两次的职工代表大会，而是针对具体问题，利用会议形式鼓励大家发表意见。例会制度在组织中一般都有，但绝大多数例会属于同级人员的聚会，信息沟通因此受到限制。相反，职工会议则由一定范围内的管理人员和普通员工共同参加，不同等级的成员可以直接接触和直接沟通。

3. 建立建议制度

建议制度主要针对组织内的普通职工，鼓励他们就其关心的问题提出意见。这实际上是为了避免向上沟通的信息被过滤掉而采取了某种强行向上沟通的办法。因此，单纯的鼓励是不够的，因为等级和权力上的差别肯定会形成阻碍。组织必须建立起一套建议制度，保证强行向上沟通，诸如接待日、领导者直接深入基层、物质奖励等。

第二编　环境管理体系基础知识

第六章 环境管理体系

第一节 环境管理的法规要求

企业环境管理是针对企业活动过程中的环境行为及可能产生的环境问题，运用系统化、规范化的方法，将环境保护与企业经营各方面联系在一起，使企业的行为符合环境法律法规要求，企业的环境表现与社会经济发展相适应，并通过持续性改善企业的环境行为，有效地减少和消除企业活动所造成的环境污染，提升环境质量，改善生态环境，节约资源，创造社会环境效益，促进经济可持续发展。我国于 2002 年颁布的《中华人民共和国清洁生产促进法》，对县级以上地方人民政府环境保护行政主管部门的职责做了明确规定。

第五条 国务院经济贸易行政主管部门负责组织、协调全国的清洁生产促进工作。国务院环境保护、计划、科学技术、农业、建设、水利和质量技术监督等行政主管部门，按照各自的职责，负责有关的清洁生产促进工作。县级以上地方人民政府负责领导本行政区域内的清洁生产促进工作。县级以上地方人民政府经济贸易行政主管部门负责组织、协调本行政区域内的清洁生产促进工作。县级以上地方人民政府环境保护、计划、科学技术、农业、建设、水利和质量技术监督等行政主管部门，按照各自的职责，负责有关的清洁生产促进工作。

第八条 县级以上人民政府经济贸易行政主管部门，应当会同环境保护、计划、科学技术、农业、建设、水利等有关行政主管部门制定清洁生产的推行规划。

第九条 县级以上地方人民政府应当合理规划本行政区域的经济布局，调整产业结构，发展循环经济，促进企业在资源和废物综合利用等领域进行合作，实现资源的高效利用和循环使用。

第十四条 县级以上人民政府科学技术行政主管部门和其他有关行政主管部

门，应当指导和支持清洁生产技术和有利于环境与资源保护的产品的研究、开发以及清洁生产技术的示范和推广工作。

第十五条　国务院教育行政主管部门，应当将清洁生产技术和管理课程纳入有关高等教育、职业教育和技术培训体系。

县级以上人民政府有关行政主管部门组织开展清洁生产的宣传和培训，提高国家工作人员、企业经营管理者和公众的清洁生产意识，培养清洁生产管理和技术人员。

新闻出版、广播影视、文化等单位和有关社会团体，应当发挥各自优势做好清洁生产宣传工作。

第二节　环境管理体系

环境管理体系（EMS，Environmental Management System），是全面管理体系的组成部分，它要求组织在其内部建立并维持一个符合标准的环境管理体系，体系由环境方针、规划、实施与运行、检查和纠正、管理评审等 5 个部分的 17 个要素构成，通过这些要素的有机结合和有效运行，组织的环境行为得到持续的改进。

一、发展历程

环境管理体系源于环境审计和全面质量管理这两个独立的管理手段。迫于遵守环境义务费用的不断升级，北美和欧洲等发达国家的公司不得不在 20 世纪 70 年代研制了环境审计这一管理手段以发现其环境问题。其初期目标是保证公司遵守环境法规，工作范围随后扩展到在相对容易出现环境问题的地方实行最佳管理实践的监督。全面质量管理起初是用于减少和最终消除生产过程中不能达到生产规范要求的种种缺陷，以及提高生产效率等，但这一手段已经更多地用于环境问题上。

二、适用范围

环境管理体系适用于有下列意愿的任何组织：

（1）建立、实施、保持并改进环境管理体系。

（2）有自己确信能符合所声明的环境方针。

（3）通过下列方式展示对体系的符合：①进行自我评价和自我声明；②寻求组织的相关方（如顾客）对其符合性的确认；③寻求外部对其自我声明的确认；④寻求外部组织对其环境管理体系进行认证（或注册）。

三、体系要求

（一）总体要求

组织应根据体系的要求建立、实施、保持和持续改进环境管理体系，确定如何实现这些要求的方针，界定环境管理体系的范围，并形成文件。

（二）环境方针

最高管理者应确定本组织的环境方针，并在界定的环境管理体系范围内，确保其做到以下方面：

（1）适合于组织活动、产品和服务的性质、规模和环境影响。

（2）包括对持续改进和污染预防的承诺。

（3）包括对遵守与其环境因素有关的适用法律法规和其他要求的承诺。

（4）提供建立和评审环境目标和指标的框架。

（5）形成文件，付诸实施，并予以保持。

（6）传达到所有为组织或代表组织工作的人员。

（7）可为公众所获取。

（三）策划

1. 环境因素

组织应建立、实施并保持一个或多个程序，用来做到以下方面：

（1）识别其环境管理体系覆盖范围内的活动、产品和服务中能够控制或能够施加影响的环境因素，此时应考虑到已纳入计划的或新的开发或修改的活动、产品和服务等因素。

（2）确定对环境具有或可能具有重大影响的因素（即重要环境因素）。将这些信息形成文件并及时更新，确保在建立、实施和保持环境管理体系的前提下，对重要环境因素加以考虑。

2. 法律法规和其他要求

组织应建立、实施并保持一个或多个程序，用来做到以下方面：

（1）识别适用于其活动、产品和服务中的环境因素的法律法规要求和其他应遵守的要求，并建立获取这些要求的渠道。

（2）确定这些要求如何应用于它的环境因素。组织应确保在建立、实施和保持环境管理体系时，对这些适用的法律法规要求和其他要求加以考虑。

3. 目标、指标和方案

组织应针对其内部有关职能和层次，建立、实施并保持形成文件的环境目标和指标。

在建立和评审环境目标时，组织应考虑法律法规和其他要求，以及自身的重要环境因素。此外，还应考虑可选的技术方案，财务、运行和经营要求，以及相关方的观点。

组织应制定、实施并保持一个或多个用于实现环境目标和指标的方案，其中应包括：

（1）规定组织内各有关职能和层次实现环境目标和指标的职责。

（2）实现目标和指标的方法和时间表。

（四）实施与运行

1. 资源、作用、职责和权限

管理者应确保为环境管理体系的建立、实施、保持和改进提供必要的资源。资源包括人力资源、专项技能、组织的基础设施、技术和财力资源。

组织应当对作用、职责和权限做出明确规定，形成文件，并予以传达，便于环境管理工作的有效开展。

组织的最高管理者应任命专门的管理者代表，无论他（们）是否还负有其他方面的责任，应明确规定其作用、职责和权限，确保做到以下方面：

（1）确保按照体系的要求建立、实施和保持环境管理体系。

（2）向最高管理者报告环境管理体系的运行情况以供评审，并提出改进的建议。

2. 能力、培训和意识

组织应确保所有为组织或代表组织从事被确定为可能具有重大环境影响的工作的人员，都具备相应的能力。该能力基于必要的教育、培训或经历，并保存相关记录。

组织应确定与其环境因素和环境管理体系有关的培训需求并提供培训，或采取其他措施来满足这些需求，并保存相关的记录。

组织应建立、实施并保持一个或多个程序，使为组织或代表组织工作的人员都意识到以下内容：

（1）符合环境方针与程序和环境管理体系要求的重要性。

（2）工作中的重要环境因素和实际的或潜在的环境影响，以及个人工作的改进所能带来的环境效益。

（3）在实现环境管理体系要求符合性方面的作用与职责。

（4）偏离规定的运行程序的潜在后果。

3. 信息交流

组织应建立、实施并保持一个或多个程序，用于有关的环境因素和环境管理体系：

（1）组织内部各层次和职能间的信息交流。

（2）与外部相关方信息的接收、形成文件和回应。

组织应决定是否就其重要环境因素与外界进行信息交流，并将决定其是否形成文件。如果决定进行外部交流，则应规定交流的方式并予以实施。

4. 文件

环境管理体系文件应包括：

（1）环境方针、目标和指标。

（2）对环境管理体系的覆盖范围的描述。

（3）对环境管理体系主要要素及其相互作用的描述，以及相关文件的查询途径。

（4）体系要求的文件，包括记录。

（5）组织为确保对涉及重要环境因素的过程进行有效策划、运行和控制所需的文件和记录。

5. 文件控制

记录是一种特殊类型的文件，应依据文件要求进行控制。组织应建立、实施并保持一个或多个程序，对体系和环境管理体系所要求的文件进行控制，以规定以下内容：

（1）在文件发布前进行审批，以确保其充分性和适宜性。

（2）必要时对文件进行评审和更新，并重新审批。

（3）确保对文件的更改和现行修订状态做出标识。

（4）确保在使用时能得到适用文件的有关版本。

（5）确保文件字迹清楚，易识别。

（6）确保对策划和运行环境管理体系所需的外来文件做出标识，并对其发放予以控制。

（7）防止对过期文件的非预期使用。如需将其保留，要做出适当的标识。

6. 运行控制

组织应根据其方针、目标和指标，识别和策划与所确定的重要环境因素相关的运行，以确保其通过下列方式在规定的条件下进行：

（1）建立、实施并保持一个或多个形成文件的程序，以控制因缺乏程序文件而导致偏离环境方针、目标和指标的情况。

（2）在程序中规定运行准则。

（3）对于组织使用的产品和服务中所确定的重要环境因素，应建立、实施并保持程序，并将适用的程序和要求告知供应方及合同方。

7. 应急准备和响应

组织应建立、实施并保持一个或多个程序，用于识别可能对环境造成影响的潜在的紧急情况和事故，并准备响应措施。

组织应对实际发生的紧急情况和事故做出响应，并预防或减少随之产生的有害环境的影响。

组织应定期评审其应急准备和响应程序。必要时对其进行修订，特别是当事故或紧急情况发生后。

若可行，组织还应定期试验上述程序。

（五）检查

1. 监测和测量

组织应建立、实施并保持一个或多个程序，对可能具有重大环境影响的运行的关键特性进行例行监测和测量。程序应规定将监测环境绩效、适用的运行控制、目标和指标符合情况的信息形成文件。

组织应确保所使用的监测和测量设备经过校准和验证，并予以妥善维护，且应保存相关的记录。

2. 合规性评价

组织应建立、实施并保持一个或多个程序，以定期评价对适用法律法规的遵守情况，便于履行遵守法律法规要求的承诺，组织应保存对上述定期评价结果的记录。

组织应评价对其他要求的遵循情况，这可以与监测和测量中所要求的评价一起进行，也可以另外制定程序分别进行评价。组织应保存对上述定期评价结果的记录。

3. 纠正措施和预防措施

组织应建立、实施并保持一个或多个程序，用来处理实际或潜在的不符合的情况，采取纠正措施和预防措施。程序应规定以下方面的要求：

（1）识别和纠正不符合的情况，并采取措施减少其所造成的环境影响。

（2）对不符合的情况进行调查，确定其产生的原因，并采取措施避免其再度发生。

（3）评价采取预防措施的需求；实施所制定的适当措施，以避免不符合情况的发生。

（4）记录采取纠正措施和预防措施所产生的结果。

（5）评审所采取的纠正措施和预防措施的有效性。

所采取的措施应与问题和环境影响的严重程度相符。组织应确保对环境管理体系文件进行必要的更改。

4. 记录控制

组织应根据需要，建立并保持必要的记录，用来证实其对环境管理体系及体系要求的符合，以及实现的结果。

组织应建立、实施并保持一个或多个程序，用于记录的标识、存放、保护、检索、留存和处理。

环境记录应字迹清楚，标识明确，并具有可追溯性。

5. 内部审核

组织应确保按照计划的时间间隔对环境管理体系进行内部审核，目的有以下两个：

（1）判定环境管理体系：

①是否符合组织对环境管理工作的预定安排和体系的要求。

②是否得到了恰当的实施和保持。

（2）向管理者报告审核结果。

组织应策划、制定、实施和保持一个或多个审核方案，此时，应考虑到相关运行环境的重要性和以往的审核结果。

应建立、实施和保持一个或多个审核程序，用来规定以下内容：

①策划和实施审核及报告审核结果、保存相关记录的职责和要求。

②审核准则、范围、频次和方法。

审核员的选择和审核的实施均应确保审核过程的客观性和公正性。

(六) 管理评审

为确保组织的环境管理体系持续的适宜性、充分性和有效性，最高管理者应按计划的时间间隔对其进行评审。评审应包括评价改进的机会和对环境管理体系进行修改的需求，包括环境方针、环境目标和指标的修改需求。组织应保存管理评审记录。

管理评审的输入应包括以下方面：

(1) 内部审核和合规性评价的结果。

(2) 和外部相关方的交流信息，包括抱怨。

(3) 组织的环境绩效。

(4) 目标和指标的实现程度。

(5) 纠正和预防措施的实施状况。

(6) 以前管理评审的后续措施。

(7) 客观环境的变化，包括与组织环境因素有关的法律法规和其他要求的发展变化。

(8) 改进建议。

管理评审的输入应包括为实现持续改进的承诺而做出的，与环境方针、目标、指标以及其他环境管理体系要素的修改有关的决策和行动。

四、EMS 体系的建立

建立环境管理体系所需要的时间，取决于企业的类型、规模、基础条件、工作效率等因素。正常情况下，企业从开始着手准备、建立到通过认证通常需要半年到一年的时间。体系建立及运行的时间段一般可分解，如表 6-1 所示。

表 6-1　EMS 体系的建立及运行的时间段

一	准备阶段	(1) 最高管理者决策	企业自定
		(2) 任命管理者代表	
		(3) 建立组织机构	
		(4) 提供资源保障 (人、财、物、时间)	

二	人员培训	（1）内审员培训	0.5~1 年
		（2）初始环境评审方法及要求	
		（3）体系策划	
		（4）文件编写指导	
三	初始环境评审	（1）评审企业法律法规符合性	0.5~1 年
		（2）识别与评价环境因素	
		（3）评价现有的管理制度与 ISO 14001 的差距	
四	体系策划和文件编写	（1）编写环境管理手册/程序文件/作业书指南	1~2 年
		（2）文件修改一两次并定稿	
五	体系试运行	（1）正式颁布文件	3~6 年
		（2）进行全员培训	
		（3）按文件的要求实施	
六	内审及管理评审	（1）企业组成审核组进行审核	0.5~1 年
		（2）对不符合项进行整改	
		（3）最高管理者组织管理评审	
七	模拟审核	（1）由咨询机构对环境管理体系进行审核	0.5~1 年
		（2）对不符合项提出整改建议	
		（3）协助企业办理正式审核前期工作	
八	认证审核准备	（1）选择确定认证审核机构	0.5~1 年
		（2）提供所需文件及资料	
		（3）必要时接受审核机构的预审核	
九	认证审核	（1）第一阶段（现场）审核	0.5~1 年
		（2）第二阶段现场审核	
		（3）不符合项整改	
十	颁发证书	（1）提交整改结果	0.5~1 年
		（2）审核机构的评审	
		（3）审核机构打印并颁发证书	

目前，国内外所进行的 ISO 14000 认证是指对企业环境管理体系的认证，企业取得的是 ISO 14001 认证证书。

第七章　环境保护法律法规

第一节　环境保护法的基本理论

一、环境保护法的概念和特征

环境保护法是关于合理利用和保护环境与自然资源，改善人类的生产生活环境和自然生态环境，防治污染、资源破坏和其他环境危害的法律法规的总称。

环境法律关系的要素包括：

（1）环境法律关系的主体是指依法享有权利和承担义务的环境法律关系的参加者。在不同的环境法律关系中，各主体的地位、身份、承担的权利义务是不同的。从环境法有关规定看，目前环境法律关系的主体主要包括国家以及国家机关、法人及其他组织（企业事业单位）、公民等。

（2）环境法律关系的客体是指环境法律关系主体的权利和义务所指向的对象，也称"权利客体"。环境法律关系的客体一般只有物和行为。

（3）环境法律关系的内容是指环境法律关系的主体依法所享有的权利和所承担的义务。这种权利与义务的实现受到环境法律的保护和制约。

环境法除了具有一般法律所共有的法律特性之外，与其他法律部门相比，还具有明显的特征，概括如下：

（1）综合性。所谓综合性是指这个法律部门综合调整多个领域，综合运用多种调整手段应对多种环境问题的特性。环境法之所以具有综合性，是因为环境问题领域广阔、种类繁多，某些具体的环境问题也是出于综合性的原因造成的。要解决广阔领域中的种类繁多的环境问题和出于综合性的原因造成的环境问题，就必须使用综合性的法律武器。

（2）科学技术性。所谓科学技术性是指环境法建立在科学研究的基础上，以科学为依据，规定大量超出一般生活常识的科学技术性内容。环境是自然的对象，也是科学研究的对象。只有进入到科学的高度，人们才能真正认识环境。只有具有了关于环境的科学知识，才能提出符合保护或者改善环境要求的规范或制度。

（3）社会性，或称"社会公益性"。所谓社会性是指环境法的立法宗旨不在于维护某个具体的阶级、阶层、集团或个人的利益，而是一定环境条件下的整个社会的公共利益，而这个社会的范围也不以行政区划甚至国家为界限。自然形成的一定环境所在的区域（可称"环境区域"）中的所有的人、集团、阶级、阶层等具有共同的利益，这个共同利益也就是这个环境区域中的人和集团等的公共利益。

（4）国际关联性。所谓国际关联性是指一国的环境法在法律措施选择、技术标准、保护强度等方面与其他国家的环境法保持同步或其他有目的设置的关联关系。环境法的国际关联性的突出表现是国际大量使用国际条约规定国家在环境保护上的国际义务。环境法具有国际关联性的特点，还是由环境的整体性特点决定的。

二、环境保护法的目的和作用

中国现行的《环境保护法》第一条规定：

为保护和改善生活环境与生态环境，防治污染和其他公害，保障人体健康，促进社会主义现代化建设的发展，制定本法。

这一立法目的属于多元论，其目的共有以下四项：①保护和改善生活环境和生态环境；②防治污染和其他公害；③保障人体健康；④促进社会主义现代化建设的发展。

环境法的终极目的是实现人类社会的可持续发展，它的基本功能应当是环境保护，但同时兼具促进经济社会持续发展的功能，分述如下：

（1）环境法是实施可持续发展战略的推进器。环境法通过调整和规范人们在开发、利用、保护、改善环境的活动中所形成的各种社会关系，对不符合可持续发展的高投入、高消耗、低产出、低效益的粗放型经济增长方式予以禁止和制裁，对符合可持续发展的低能耗、低物耗的集约型经济增长方式予以促进和鼓励。同时，要求对污染控制从源头抓起，推行"预防优先"原则，采取清洁生产方式，实现废物无害化、资源化；此外，还要求把对环境的负荷减少到最低限度，实行综合的环境整治计划，以确保当代人及其子孙后代均能"以与自然相和谐的方式过健康而富有生产成果的生活"。

（2）环境法是执行各项环境保护政策的有力工具。环境法将环境保护的基本对策和主要措施以法律形式予以固定下来，从而使环境保护工作更加规范化、制度化，有力地推动了环境保护工作的有序进行。

（3）环境法是全面协调人与环境关系的法律武器。环境法通过法律形式保证合理开发自然环境和自然资源，保护和改善生活环境和生态环境，防治环境污染、环境破坏及其他环境问题，保护其他生命物种，从而成为协调人与环境的关系以及人与人的关系的有效手段。

（4）环境法是加强国际环境保护合作的重要手段。环境是无国界的，所以环境问题造成的危险性叠加的效应往往超越了国家的界线。为此，只有加强国际环境保护的合作，共同解决对全球构成危害的环境问题，才能使地球成为人类永恒的赖以生存和发展的重要场所。

三、环境保护法律法规体系

环境法的体系是由不同形式和不同层次的各种环境法律规范构成的有机统一体，反映和体现不同环境法律规范的位阶和效力关系。它应当是内外协调一致的，对外应与其他法律部门相协调，以保证整个法律体系的和谐统一；对内则要求构成该体系的环境法律规范之间是协调的，以保证环境法内部的统一，保障环境法的整体功能。

现行环境法律体系由三部子法律法规构成，即污染防治法、自然资源法和生态保护法。污染防治法是按照环境要素或控制对象进行的立法，自然资源法是按照单项自然资源的开发利用和保护进行的资源立法，生态环境保护法是关于保护特殊价值和意义的自然环境以及特殊区域或特殊对象的生态功能的立法。

环境法律体系和环境立法体系是两个不同的概念，二者之间既有联系又有区别。环境法律体系和环境立法体系之间的关系，是内容与形式的关系。环境法律体系是环境立法体系的内容，环境立法体系是环境法律体系的外部表现和客观化形式。环境法律体系和环境立法体系虽然反映的都是同一个现象——环境法，但它们反映的角度是不一样的。前者是从内部反映，后者则是从外部反映。

环境立法体系就是环境法渊源的总和，所以中国目前环境立法体系主要由以下部分构成：①宪法中关于环境保护的条款；②环境保护基本法；③环境保护单行法；④环境法规；⑤环境保护部门规章；⑥地方性环境法规和地方政府规章；⑦环境标准；⑧国际环境保护条约。

四、环境保护法的发展趋势

中国现代环境法的产生要比西方工业发达国家至少晚一个世纪。新中国成立后，中国的环境立法经历了比较曲折的发展过程，但环境法制建设的总趋势是日益受到国家的重视并逐步发展和完善的。随着中国环境法的逐步健全和完善，环境法出现了一些新的发展趋势：

1. 国内法国际化

近些年来，随着对外开放和加入 WTO，中国的对外经贸交往频繁，在此过程中不可避免地接触到部分国家或地区的环境法律规定。一些国家对产品进出口过于严格的环境管理规定和要求甚至构成新的绿色贸易壁垒，为了避免贸易摩擦，更好地满足本国环境保护和经济发展的需要，中国的环境法在符合本国国情的同时，在法律制定修改的过程中开始积极参考国外先进的立法经验，引入了国际通用的环境标准和管理体系。

2. 环境健康安全制度的整合

企业或地区的安全事故往往对当地和周边环境产生不良影响，同时也直接由于事故或间接经由环境对有关人员的健康产生相应的影响，单纯的环境管理制度不足以对事故发生的根源和事故的后续结果进行风险防控和追踪处理。为了实现全过程和全方位的管理，有必要对部分联系紧密的环境健康安全制度进行一定程度的整合，以增加制度间的联动链接，减少制度摩擦，降低制度实施的成本，增强制度实施的效果，这也是目前环境法的一个发展趋向。

3. 环保经济手段的采用

环境强制措施是环境法律法规中常用的管理手段，而环保经济手段作为一种相对比较新的管理手段，包括环境税费、排污权交易、碳排放权交易等，从经济刺激的角度，改变过去传统的命令控制型的管理模式，在保证同样的环境管理效果的前提下，能够促使企业积极主动地采取措施控制污染，交易的手段同时能够降低污染控制的成本，提高污染控制的效率。中国的环境法确立了排污收费制度，排污权交易在一些城市进行了试点，但还未作为正式的法律制度确立下来，环境税制也一直处于研究探讨阶段。虽然中国对碳排放权交易缺乏相关法律规定，但国内一些环境交易所已经开始进行一些自愿减排方面的交易尝试，可以预见在未来的环境法中环保经济手段将越来越丰富，越来越完善。

4. 从单因素向多因素、流域区域综合管理的转化

在环境法体系建立的初始阶段，为了明确管理目标和职责，方便管理的开展和细化，按照各环境要素分类进行立法，按照各行政区划进行环境管理是可取的。随着管理工作的进行，这种人为割裂环境要素和生态区域的条块式立法将不能满足将环境作为一个整体进行保护的要求，特别是近些年生态系统管理的出现，更是对环境法中的环境要素和地区综合管理提出了要求，因此从单因素向多因素、流域区域综合管理的转化也必将成为未来环境法的一个发展趋向。

第二节 环境保护法的基本制度

一、土地利用规划制度

土地利用规划制度是指国家根据国土整体及各地区自然条件、资源状况、特点和经济文化发展的需要，通过土地利用的全面规划，对城镇设置、工农业布局、交通设施等进行总体安排，以防止环境污染和生态破坏，保证社会经济的可持续发展的制度。

根据1984年国务院颁布的《城市规划条例》和1989年12月的《城市规划法》，中国绝大多数城市均制定了城市总体规划，并获国务院或所属省、自治区、直辖市批准。制定城市规划有两个步骤：一是总体规划，二是详细规划。

总体规划是对城市发展具有方向性和指导性意义的纲领性规划，与国家总规划衔接。它要对城市发展的基本问题如城市性质、规模、各项建设总布局、长期目标、重大工程措施等进行规定，是城市详细规划的依据和前提。省、自治区、直辖市政府所在城市、人口100万以上城市及国务院指定的其他城市的总体规划，由省、自治区、直辖市政府审查同意后，报国务院审批。其他城市的总体规划，报其所在省、自治区、直辖市政府审批。

详细规划是城市总体规划的具体化，主要对本区域内近期建设和新建、改建、扩建的各个项目做出具体的安排和部署。详细规划是城市各项专业工程设计、建造和管理使用的重要依据，由本市政府审批。城市旧区改建应遵循"加

强维护、合理利用、调整布局、逐步改善"的原则，统一规划，分期实施。

1982 年国家建委、农委颁布的《村镇规划原则》，对村镇规划做出原则规定；1993 年国务院颁布的《村庄和集镇规划建设管理条例》，对村镇规划和建设做出了具体规定。村镇规划也分总体规划和建设规划两类。村镇总体规划是指在规划范围内确定村镇布点和部署各项建设，即依据土地利用总体规划，对本地县级农业区划和乡镇综合规划、综合平衡进行统筹安排。村镇建设规划是依据村镇总体规划，排定各项建设用地和建设方案，包括住宅、乡（村）办企业、公共设施、公益事业设施等。

二、环境影响评价制度

环境影响评价制度，是指在开工之前，对规划和建设项目实施后可能造成的环境影响进行分析、预测和评估，提出预防或者减轻不良环境影响的对策，并进行跟踪检测的制度。中国 1979 年颁布的《环境保护法（试行）》中规定实行环境影响评价报告制度，1981 年的《基本建设项目环境保护管理办法》对环境影响评价的范围、内容、程序等做出具体规定，1998 年国务院的《建设项目环境保护条例》进一步扩大了评价范围，2003 年国家正式颁布实施了《中华人民共和国环境影响评价法》。

国务院有关部门、设区的市级以上地方人民政府，对其组织编制的土地利用的有关规划，区域、流域、海域的建设、开发利用规划以及工业、农业、畜牧业、林业、能源、水利、交通、城市建设、旅游、自然资源开发的有关专项规划（以下简称"专项规划"），中华人民共和国领域和中国管辖的其他海域内建设对环境有影响的项目，应当进行环境影响评价。军事设施建设项目的办法，由中央军事委员会依照《环境影响评价法》的原则制定。

环境影响评价的程序分为评价形式筛选、评价制作并申报和审批三个阶段。

（1）环境影响评价的方式有四种：①规划，应编写有关环境影响的篇章或者说明；②专项规划，对可能造成重大环境影响的建设项目，编写环境影响报告书；③对可能造成轻度环境影响的建设项目，应当编制环境影响报告表；④对环境影响很小、不需要进行环境影响评价的建设项目，应当填写环境影响登记表。

（2）环境影响评价文件中的环境影响报告书或者环境影响报告表，应当由具有相应环境影响评价资质的机构编制。除国家规定需要保密的情形外，对环境可能造成重大影响、应当编制环境影响报告书的建设项目，建设单位应当在报批建设项目环境影响报告书前，举行论证会、听证会或者采取其他形式，征求有关单位、专家和公众的意见。建设单位报批的环境影响报告书应当附有对有关单位、专家和公众的意见采纳情况的说明。

（3）建设项目的环境影响评价文件，由建设单位按照国务院的规定上报有审批权的环境保护行政主管部门审批。建设项目有行业主管部门的，其环境影响报告书或者环境影响报告表应当经行业主管部门预审后，上报给有审批权的环境保护行政主管部门审批。建设项目可能造成跨行政区域的不良环境影响，有关环境保护行政主管部门对该项目的环境影响评价结论有争议的，其环境影响评价文件由共同的上一级环境保护行政主管部门审批。审批部门应当自收到环境影响报告书之日起 60 日内，收到环境影响报告表之日起 30 日内，收到环境影响登记表之日起 15 日内，分别做出审批决定并书面通知建设单位。

建设项目的环境影响评价文件经批准后，建设项目的性质、规模、地点、采用的生产工艺或者防治污染、防止生态破坏的措施发生重大变动时，建设单位应当重新报批建设项目的环境影响评价文件。建设项目的环境影响评价文件自批准之日起超过五年，方决定该项目开工建设的，其环境影响评价文件应当报原审批部门重新审核。原审批部门应当自收到建设项目环境影响评价文件之日起 10 日内，将审核意见书面通知建设单位。在项目建设、运行过程中产生不符合经审批的环境影响评价文件的情形时，建设单位应当组织环境影响的后评价，采取改进措施，并报原环境影响评价文件审批部门和建设项目审批部门备案。

三、"三同时"制度

"三同时"制度是指与建设项目配套的环境保护措施必须与主体工程同时设计、同时施工和同时投产使用。它适用于新建、扩建和改建项目，技术改造项目和确有经济效益的综合利用项目。1973 年，国务院颁布的《关于保护和改善环境的若干规定（试行）》最先出台"三同时"制度，1979 年的《环境保护法（试行）》对此做出了进一步的规定，正式确立了该制度。

1986 年 3 月的《建设项目环境保护管理办法》对"三同时"制度的有效执行问题做出如下规定：①凡从事对环境有影响的项目，都须执行"三同时"制度；②各级人民政府的环保部门对建设项目的环境保护实施统一的监督管理，包括对设计任务书中有关环境保护内容的审查、环境影响评价报告书（表）的审批、建设施工的检查、环境保护设施的竣工验收、环保设施的运转和使用的检查和监督等；③建设项目的初步设计，必须有环境保护内容，包括环境保护措施的设计依据，防治污染的处理工艺流程和预期效果，对资源开发引起的生态变化所采取的防范措施、绿化设计、监测手段、环保投资的预算等；④建设项目在正式投产使用前，建设单位要向环保部门提交《环境保护设施竣工验收报告》，说明设施运行情况、治理效果和达到的标准，经验收合格并被授予"环境保护设施验收合格证"后，整个建设项目方可正式投产使用。

四、许可证制度

许可证制度是指环境法所确认的，凡从事可能造成不良环境影响的开发、经营或建设者，必须向法定机关提出申请，经审查批准，被授予许可证书后，方可从事所申请事项的活动的一系列管理制度。许可证分为三类：一是防止环境污染方面的许可证；二是防止环境破坏方面的许可证；三是整体环境保护方面的许可证。

中国的《城市规划法》规定，在城市规划区域内进行各项建设征用国家或集体所有的土地的，需要向城市规划主管部门申请许可证；需要新建、改建、扩建任何建筑物、构筑物、铺设道路和管线的，也须申请许可证。《海洋环境保护法》规定，向海洋倾倒废物，须有许可证，按许可证规定的期限、标准在指定区域内倾倒。《农药登记规定》要求，农药的生产、销售和在大田进行药效示范或特殊情况下的使用以及境外农药的进口销售，均须经过登记许可。《固体废物污染环境防治法》对关于危险废物的收集、贮存、处置等经营活动，省级区域间的废物转移，作为原料的废物进口；《放射性同位素与射线装置防护条例》及《民用核设施安全监督管理条例》对放射性同位素设施的建造、运行及放射性物质的使用、运输和保管；《渔业法》和《渔业法实施细则》对渔业活动；《森林法》、《矿产资源法》对关于林木采伐、矿产资源的勘探、开发利用等，均规定须经申报获得许可证方可进行。

环境保护许可证的管理程序大致分为以下五个步骤：

（1）申请。申请人向有关主管机关提交申请书，并附必要的情况、数据、图表、资料、说明等材料。

（2）审查。主管机关在不侵犯其商业秘密的前提下，公布所受理的申请，根据有关法律、法规之规定，并征求各方面尤其是当地居民的意见，对申请内容进行综合审查。

（3）决定。经过严格审查，主管机关须做出颁发或拒发许可证之决定。颁发时明示持证人所应尽的义务及限制条件，拒发则书面说明理由。

（4）监督。主管机关对持证人的经营活动要定期和随时进行检查监督，包括现场监测、检验、索要有关资料、发布行政命令等，并可视情况变化，修改许可证的内容和条件。

（5）处理。根据监督检查结果，若发现持证人违反许可证规定的义务或限制条件而导致环境损害或其他后果，主管机关可以吊销其许可证，并依法追究其法律责任。

五、排污收费制度

排污收费制又称"征收排污费制度"，指国家环境管理机关依据法律规定，对向环境排放污染物的或超过国家排放标准的排污者，按照污染物的种类、浓度和数量，强制征收一定费用的法律制度。中国于 1978 年在原国务院环境保护领导小组的《环境保护工作汇报要点》中首次正式提出实行"排放污染物收费制度"，在 1979 年《环境保护法（试行）》中正式予以规定。1982 年国务院颁布的《征收排污费暂行办法》和 1988 年的《污染源治理专项资金有偿使用暂行办法》对收费目的、范围、标准、费用的管理做出具体规定。

排污收费的对象既包括超标排污的单位，也包括部分达标排污的单位。收费污染物主要是废水、废气、固体废物、噪声和放射性废物等五大类。排污收费的标准由国家统一制定，但个别工业密集、污染特别严重的大、中城市，经国务院环保行政主管部门批准，可做适当调整。如有特殊情况，还要加收额外的排污费。排污费征收后要纳入预算，作为环境保护补助的专项资金，由环保部门会同财政部门统筹安排。使用原则为"专款专用，先收后用，量入为出，不得超支挪用；若有节余，转下年度使用"。

排污费的征收程序：①确定排污总量，通常排污者向环保行政主管部门申报登记所排污染物的种类、数量和浓度（强度），由主管部门或其指定的监测单位核定。②由主管部门依据核定后的排污总量和确定其相应的排污收费标准计算后，逐月或逐季向排污者发出缴费通知单，排污者在接到通知单后 20 天内向指定银行缴付。届满未缴的，从届满后起每日增收滞纳金 0.1%，并可视情节予以罚款或申请人民法院强制执行。排污者缴纳排污费，并不等于可以免除其应当承担的治理污染、赔偿损失等法律法规规定的其他责任。

六、限期治理制度

限期治理制度是指由国家法定机关对其认为污染严重的项目、行业和区域做出决定，令其在一定期限内完成环境治理任务、达到治理目标的一项环境法律制度。"限期治理"的概念是 1973 年中国在第一次全国环境保护会议上提出的，1978 年基本形成环境管理政策，1979 年的《环境保护法（试行）》确定其为一项环境法律制度。目前的环境法律法规多有相应规定。

限期治理的决定权不在环保部门而在各级人民政府，中央或省、自治区、直辖市政府决定其各自直接管辖的企、事业单位的限期治理；市、县或县以下政府管辖的企事业单位的限期治理，由市、县人民政府决定；小型企事业单位噪声污染的限期治理，由县级以上人民政府授权其环保行政部门决定。

限期治理的最长期限一般为三年，视具体难度和能力而定。具体的污染源的限期治理目标是达标（浓度或总量）排放；行业污染，可以按其相互关联顺序分别限期令其逐批达标排放，最后，全行业所有污染源都要做到达标排放；区域性污染，则要求其达到该地区经济文化等要求的环境质量标准。限期治理的对象主要有两类：一是位于特别保护区域内的超标排放的污染源，二是造成严重环境污染的污染源，指污染物对人体健康有严重危害或影响、严重扰民、经济效益小于环境危害造成的损失、有条件治理而不治理等情况。此外，国家或地方政府对一些江河湖泊进行重点治理，也规定了较为严格的内容和期限，不仅对污染源实行浓度控制，而且实行污染物总量控制，不达控制目标即强制限期治理。

七、清洁生产制度

清洁生产制度是指不断采取改进设计、使用清洁的能源和原料，并采用先进的工艺技术与设备、改善管理、综合利用等措施，从源头削减污染，提高资源利用效率，减少或者避免生产、服务和产品使用过程中污染物的产生和排放，以减轻或者消除对人类健康和环境的危害的法律制度。中国 1989 年修订的《环境保护法》对清洁生产进行了原则性规定，1992 年国家环保局提出《清洁生产行动计划》并开始在一些城市和企业进行试点，1994 年《中国 21 世纪议程》把清洁技术和清洁生产作为可持续发展战略的重大行动之一，1995 年修订的《固体废物污染环境防治法》在立法上首次使用"清洁生产"一词，1996 年修订的《水污染防治法》、1999 年修订的《海洋环境保护法》、2000 年修订的《大气污染防治法》均有相关规定。2002 年国家通过《中华人民共和国清洁生产促进法》，并于 2003 年开始实施。

清洁生产制度主要包括以下具体内容：

（1）新建、改建和扩建项目应当进行环境影响评价，对原料使用、资源消耗、资源综合利用以及污染物产生与处置等进行分析论证，优先采用资源利用率高以及污染物排放量少的清洁生产技术、工艺和设备。产品和包装物的设计，应当考虑在其生命周期中对人类健康和环境的影响，优先选择无毒、无害、易降解或者便于回收利用的方案。

（2）企业应当对产品进行合理包装，减少包装材料的过度使用和包装性废物的产生。生产大型机电设备、机动运输工具以及国务院经济贸易行政主管部门指定的其他产品的企业，应当按照国务院标准化行政主管部门或者其授权机构制定的技术规范，在产品的主体构件上注明材料成分的标准牌号。

（3）农业生产者应当科学地使用化肥、农药、农用薄膜和饲料添加剂，改进种植和养殖技术，实现农产品的优质、无害和农业生产废物的资源化，防止农业环境污染。

（4）禁止将有毒、有害废物用作肥料或者用于造田。

（5）餐饮、娱乐、宾馆等服务性企业，应当采用节能、节水和其他有利于环境保护的技术和设备，减少使用或者不使用浪费资源、污染环境的消费品。

（6）建筑工程应当采用节能、节水等有利于环境与资源保护的建筑设计方案、建筑和装修材料、建筑构配件及设备。

（7）建筑和装修材料必须符合国家标准。禁止生产、销售和使用有毒、有害物质超过国家标准的建筑和装修材料。

（8）矿产资源的勘查、开采，应当采用有利于合理利用资源、保护环境和防止污染的方法和工艺技术，提高资源利用率。

（9）企业应当在经济技术许可的条件下对生产和服务过程中产生的废物、余热等自行回收利用或者转让给有条件的其他企业和个人利用。

（10）生产、销售被列入强制回收目录的产品和包装物的企业，必须在产品报废和包装物使用后对该产品和包装物进行回收。企业应当对生产和服务过程中的资源消耗以及废物的产生情况进行监测，并根据需要对生产和服务实施清洁生产审核。使用有毒、有害原料进行生产或者在生产中排放有毒、有害物质的企业，应当定期实施清洁生产审核，并将审核结果报告给所在地的县级以上地方人民政府环境保护行政主管部门和经济贸易行政主管部门。

国家对清洁生产的促进措施主要有以下两方面：

（1）将从事清洁生产研究、示范和培训，实施国家清洁生产重点技术改造项目和自愿削减污染物排放协议中载明的技术改造项目，列入国务院和县级以上地方人民政府同级财政安排的有关技术进步专项资金的扶持范围。根据需要，安排适当数额的中小企业发展基金用于支持中小企业实施清洁生产。

（2）对利用废物生产产品的和从废物中回收原料的，税务机关按照国家有关规定，减征或者免征增值税。企业用于清洁生产审核和培训的费用，可以列入企业经营成本。

八、环境标准制度

环境标准是指国家根据人体健康、生态平衡和可持续发展对环境结构、状态的要求，在综合考虑本国自然环境特点、科学技术水平及经济能力的基础上，对环境要素间的配比、布局和各环境要素的组成以及进行环境保护工作的某些技术要求加以界定的法律规范的总称，其主要内容是技术要求和各种量值规定，是环境资源指标技术规范的法律化。1973 年中国制定了具有综合性特点的《工业"三废"排污试行标准》，1979 年颁布的《环境保护法（试行）》授权国务院环境保护机构会同有关部门拟定环境保护标准。依据此法，许多其他环境法律法规都对环境标准制度做出了规定。

中国的环境标准有环境基础标准、环境质量标准、环境方法标准、环境样品标准和污染物排放标准五类，其中环境质量标准和污染物排放标准有国家级和地方（省）级两级。根据《环境保护法》和《环境保护标准管理办法》，全部五类国家级环境标准由国务院环境保护主管部门——国家环保总局进行制定、审批、颁布、修改和废止，在全国范围内适用，除非法律另有例外规定。地方级环境标准由省、自治区、直辖市人民政府制定、审批、颁布、修改和废止，限于环境质量标准和污染物排放标准。另外，国家级标准中有相应规定的，地方级标准必须高于国家级标准；国家级标准无相应规定的，地方政府可自行制定其地方标准，均报国家环保总局备案。

环境基础标准是国家对在环境保护工作中具有普遍运用意义的名词、术语、符号、规程、指南、导则所做的规定，是制定其他环境标准的基础。

环境方法标准是国家对环境保护工作中涉及的试验、检查、取样、分析、统计和其他作业的方法所做的规定。它保证各种环境监测和统计数据准确、可靠，具有可比性。

环境样品标准是为了在环境保护工作和环境标准实施过程中标定仪器、检验测试方法、进行量值传递而由国家法定机关制作的具有一个或多个恒定特性值的具体的物质和材料，是一种实物性标准。

环境质量标准是为保护人群机体健康、保障社会物质财富安全和维护生态平衡，对在一定时间、空间的环境中有害物质或因素最高限额和有益物质含量最低要求所做的规定，反映人群、动植物和生态系统对环境质量的综合要求，是一定时期一个国家、区域环境政策和环境质量目标的具体体现，是评价环境是否受到污染的尺度，是制定污染物排放标准的依据。按环境要素的不同，可分为大气环境质量标准、水环境质量标准、土地环境质量标准、声环境质量标准等。

污染物排放标准是为达到一定环境质量标准的目标，结合环境容量和经济技术条件，对允许污染源排放污染物的浓度或数量的最高额度所做的规定，其中又分浓度标准和总量标准两项。浓度控制标准是指污染物在其排放载体中的最高含量限额；总量控制标准则进一步根据环境容量大小，对污染源在一定时期排放污染物的最高累计额进行限定。

第三节　污染防治法

一、大气污染防治法

（一）大气污染防治立法和管理体制

中国关于防治大气污染的法规，最早为国务院于 1956 年 5 月 25 日颁布的《关于防治厂矿企业中矽尘危害的决定》。1979 年《环境保护法（试行）》对大气污染防治做了原则性的规定。1979 年 9 月，卫生部、国家经委、国家计委和国家劳动总局联合颁布了经过修订的《工业企业设计卫生标准》，该标准规定了居住区大气中 34 种有害物质的最高容许浓度和车内空气中 111 种有害物质的最高容许浓度，以及 9 种生产性粉尘的最高容许浓度，这是中国最早颁布的工业区大气环境质量标准和车间空气质量标准。在 20 世纪 80 年代，国家还先后颁布了《关于结合技术改造防治工业污染的几项规定》、《关于防治煤烟性污染技术政策的规定》、《大气环境质量标准》、《锅炉烟尘排放标准》、《关于发展民用型煤的暂行办法》、《城市烟尘控制区管理办法》等法规。为了加强大气环境管理，防治大气污染，第六届全国人民代表大会常务委员会第二十二次会议于 1987 年 9 月 5 日通过了《大气污染防治法》草案，自 1988 年 6 月 1 日起施行。该法是中国大气污染防治领域的基本法律，它分别于 1995 年和 2000 年经过了两次修订。

中国的大气环境质量标准统一由国家环境保护局制定。省、自治区、直辖市人民政府对国家大气环境质量标准中未规定的项目，可以制定地方标准，并上报国务院环境保护部门备案。国家环境保护局根据国家大气环境质量标准和国家经济、技术条件，制定国家大气污染物排放标准。省、自治区、直辖市人民政府对国家大气污染物排放标准中未做规定的项目，可以制定地方排放标准；对国家大气污染物排放标准中已做规定的项目，可以制定严于国家排放标准的地方排放标准，地方排放标准须报国务院环境保护部门备案。凡是向已有地方排放标准的区域排放大气污染物的，应当执行地方排放标准。

（二）大气污染防治法的具体内容

为了防治燃煤造成的大气污染，国家明确了多项以控制煤炭燃烧为主的法律措施：

国家推行煤炭洗选加工，降低煤的硫份和灰份，限制高硫份、高灰份煤炭的开采。新建的所采煤炭属于高硫份、高灰份的煤矿，必须建设配套的煤炭洗选设施。对已建成的所采煤炭属于高硫份、高灰份的煤矿，应当按照国务院批准的规划，限期建成配套的煤炭洗选设施。禁止开采含放射性和砷等有毒有害物质超过规定标准的煤炭。新建、扩建排放二氧化硫的火电厂和其他大中型企业，超过规定的污染物排放标准或者总量控制指标的，必须建设配套脱硫、除尘装置或者采取其他控制二氧化硫排放、除尘的措施。在酸雨控制区和二氧化硫污染控制区内，已建企业超过规定的污染物排放标准排放大气污染物的，限期治理。企业应当对燃料燃烧过程中产生的氮氧化物采取控制措施。控制生煤的使用。在人口集中地区存放煤炭、煤矸石、煤渣、煤灰、砂石、灰土等物料，必须采取防燃、防尘措施，防止污染大气。

为了改进城市能源结构，推广清洁能源的生产和使用，法律规定：

　　大气污染防治重点城市人民政府可以在本辖区内划定禁止销售、使用国务院环境保护行政主管部门规定的高污染燃料的区域。国务院有关主管部门应当根据国家规定的锅炉大气污染物排放标准，在锅炉产品质量标准中规定相应的要求；达不到规定要求的锅炉，不得制造、销售或者进口。城市建设应当统筹规划，在燃煤供热地区，统一解决热源，发展集中供热。在集中供热管网覆盖的地区，不得新建燃煤供热锅炉。国家鼓励企业采用先进的脱硫、除尘技术。大、中城市人民政府应当制定规划，对饮食服务企业限期使用天然气、液化石油气、电或者其他清洁能源。

　　为防治以燃油为主生成的光化学污染，国家明确了相关控制与防治机动车船气体排放制度。机动车船向大气排放污染物不得超过规定的排放标准。任何单位和个人不得制造、销售或者进口污染物排放超过规定排放标准的机动车船。在用机动车不符合制造当时的在用机动车污染物排放标准的，不得上路行驶。机动车维修单位，应当按照防治大气污染的要求和国家有关技术规范进行维修，使在用机动车达到规定的污染物排放标准。国家鼓励生产和消费使用清洁能源的机动车船。单位和个人应当按照国务院规定的期限，逐步减少甚至停止生产、进口、销售含铅汽油。

　　为了防治目前大气污染的主要污染源工业污染，法律专门对防治废气、粉尘和恶臭污染做出了规定。向大气排放粉尘的排污单位，必须采取除尘措施。严格限制向大气排放含有毒物质的废气和粉尘；确需排放的，必须经过净化处理，不超过规定的排放标准。工业生产中产生的可燃性气体应当回收利用，不具备回收利用条件而向大气排放的，应当进行防治污染处理。向大气排放转炉气、电石气、电炉法黄磷尾气、有机烃类尾气的，须报经当地环境保护行政主管部门批准。可燃性气体回收利用装置不能正常作业的，应当及时修复或者更新。在回收利用装置不能正常作业期间确需排放可燃性气体的，应当将排放的可燃性气体充分燃烧或者采取其他减轻大气污染的措施。石油、生产合成氨、煤气和燃煤焦化、有色金属冶炼过程中排放含有硫化物气体的，应当配备脱硫装置或者采取其他脱硫措施。向大气排放含放射性物质的气体和气溶胶的，必须符合国家有关放射性防护的规定，不得超过规定的排放标准。在国家规定的期限内，生产、进口消耗臭氧层物质的单位必须按照国务院有关行政主管部门核定的配额进行生产、进口。

为了防治生活大气污染源，法律规定：

向大气排放恶臭气体的排污单位，必须采取措施防止周围居民区受到污染。在人口集中地区和其他依法需要特殊保护的区域内，禁止焚烧沥青、油毡、橡胶、塑料、皮革、垃圾以及其他产生有毒有害烟尘和恶臭气体的物质。禁止在人口集中地区、机场周围、交通干线附近以及当地人民政府划定的区域露天焚烧秸秆、落叶等产生烟尘污染的物质。运输、装卸、贮存能够散发有毒有害气体或者粉尘物质的，必须采取密闭措施或者其他防护措施。

为了防治城市大气污染源，法律规定：

城市人民政府应当采取绿化责任制、加强建设施工管理、扩大地面铺装面积、控制渣土堆放和清洁运输等措施，提高人均占有绿地面积，减少市区裸露地面和地面尘土，防治城市扬尘污染。在城市市区进行建设施工或者从事其他产生扬尘污染活动的单位，必须按照当地环境保护的规定，采取防治扬尘污染的措施。国务院有关行政主管部门应当将城市扬尘污染的控制状况作为城市环境综合整治考核的依据之一。城市饮食服务业的经营者，必须采取措施，防治油烟对附近居民的居住环境造成污染。

二、水污染防治法

（一）水污染防治立法和管理体制

中国在新中国成立后陆续制定了一些与防治水污染有关的法规，如1973年颁布的《工业"三废"排放试行标准》、1976年颁布的《生活饮用水卫生标准（试行）》、1979年颁布的《渔业水质标准（试行）》和《农田灌溉水质标准（试行）》。1979年的《环境保护法（试行）》，就水污染的防治做了原则性的规定。1984年的《水污染防治法》是中国第一部防治水污染的综合性专门法律。为了《水污染防治法》的具体实施，国务院在1989年批准国家环境保护总局颁布《水污染防治法实施细则》。1995年，针对淮河流域水污染极为严重的情况，国务院颁布了《淮河流域水污染防治暂行条例》。《水污染防治法》于1996年根据《关于修改〈中华人民共和国水污染防治法〉的决定》修正，并于2008年再次修订。

中国水污染防治实行统一监督管理与分管部门监督管理相结合的管理体制，遵循"保护与防治相结合，防治水污染流域或区域统一规划，水污染防治与企业布局、改造相结合"的原则。县级以上人民政府环境保护主管部门对水污染防治实施统一监督管理；交通主管部门的海事管理机构对船舶污染水域的防治实施监督管理；县级以上人民政府水行政、国土资源、卫生、建设、农业、渔业等部门以及重要江河、湖泊的流域水资源保护机构，在各自的职责范围内，对有关水污染防治实施监督管理。

水环境质量标准和污染物排放标准分为国家标准和地方标准两级。国务院环境保护主管部门制定国家水环境质量标准；省、自治区、直辖市人民政府可以对国家水环境质量标准中未做规定的项目，制定地方标准，并报国务院环境保护主管部门备案。国务院环境保护主管部门根据国家水环境质量标准和国家经济、技术条件，制定国家水污染物排放标准。省、自治区、直辖市人民政府对国家水污染物排放标准中未做规定的项目，可以制定地方水污染物排放标准；对国家水污染物排放标准中已做规定的项目，可以制定严于国家水污染物排放标准的地方水污染物排放标准。地方水污染物排放标准须报国务院环境保护主管部门备案。已有地方水污染物排放标准的水体排放污染物的，应当执行地方水污染物排放标准。

（二）水污染防治法的具体内容

国家对重点水污染物排放实施总量控制制度，与该项制度相配套的是重点污染物排放量的核定制度。省、自治区、直辖市人民政府应当按照国务院的规定削减和控制本行政区域的重点水污染物排放总量，并将重点水污染物排放总量控制指标分解落实到市、县人民政府。市、县人民政府根据本行政区域重点水污染物排放总量控制指标的要求，将重点水污染物排放总量控制指标分解落实到排污单位，具体办法和实施步骤由国务院规定。对超过重点水污染物排放总量控制指标的地区，有关人民政府环境保护主管部门应当暂停审批新增重点水污染物排放总量的建设项目的环境影响评价文件。

国家建立饮用水水源保护区制度。饮用水水源保护区分为一级保护区和二级保护区，必要时，可以在饮用水水源保护区外围划定一定的区域作为准保护区。在饮用水水源保护区内，禁止设置排污口；禁止在饮用水水源一级保护区内新建、改建、扩建与供水设施和保护水源无关的建设项目（已建成的与供水设施和保护水源无关的建设项目，由县级以上人民政府责令拆除或者关闭）；禁止在饮用水水源一级保护区内从事网箱养殖、旅游、游泳、垂钓或者其他可能污染饮用水水体的活动；禁止在饮用水水源二级保护区内新建、改建、扩建排放污染物的建设项目（已建成的排放污染物的建设项目，由县级以上人民政府责令拆除或者关闭）；在饮用水水源二级保护区内从事网箱养殖、旅游等活动的，应当按照规定采取措施，防止污染饮用水水体；禁止在饮用水水源准保护区内新建、扩建对水体污染严重的建设项目；改建建设项目，不得增加排污量。如果生活饮用水源受到严重污染，威胁供水安全，环境保护部门应当报经同级人民政府批准，采取强制性的应急措施，包括责令有关企业事业单位减少或者停止排放污染物。

城镇污水应当集中处理。县级以上地方人民政府应当通过财政预算和其他渠道筹集资金，统筹安排建设城镇污水集中处理设施及配套管网，提高本行政区域城镇污水的收集率和处理率。国务院建设主管部门应当会同国务院经济综合宏观调控、环境保护主管部门，根据城乡规划和水污染防治规划，组织编制全国城镇污水处理设施建设规划。县级以上地方人民政府组织建设、经济综合宏观调控、环境保护、水行政等部门编制本行政区域的城镇污水处理设施建设规划。县级以上地方人民政府建设主管部门应当按照城镇污水处理设施建设规划，组织建设城镇污水集中处理设施及配套管网，并加强对城镇污水集中处理设施运营的监督管理。

为防止地表水污染，法律规定：

在保护区内不得新建排污口。在保护区附近新建排污口，应当保证保护区水体不受污染。禁止向水体排放、倾倒有毒有害的物质，包括油类、酸液、碱液或者剧毒废液；含有汞、镉、砷、铬、铅、氰化物、黄磷等的可溶性剧毒废渣；工业废渣、城市垃圾和其他废弃物；放射性固体废弃物或者含有高放射性和中放射性物质的废水。此外，禁止在水体清洗装贮过油类或者有毒污染物的车辆和容器；禁止在江河、湖泊、运河、渠道、水库最高水位线以下的滩地和岸坡堆放、存贮固体废弃物和其他污染物；禁止将可溶性剧毒废渣直接埋入地下。含低放射性物质的废水、含热废水、含病原体的污水、污水灌溉、船舶排污、农药化肥的使用，应当符合国家或者地方的排放标准和使用标准。禁止新建不符合国家产业政策的小型造纸、制革、印染、染料、炼焦、炼硫、炼砷、炼汞、炼油、电镀、农药、石棉、水泥、玻璃、钢铁、火电以及其他严重污染水环境的生产项目。

为防止地下水污染，法律规定：

为防止地面渗漏污染地下水，禁止利用渗井、渗坑、裂隙和溶洞排放、倾倒含有毒污染物的废水、含病原体的污水和其他废弃物；禁止利用无防渗漏措施的沟渠、坑塘等输送或者存贮含有毒污染物的废水、含病原体的污水和其他废弃物。为防止开发、回灌活动污染地下水，多层地下水的含水层水质差异大的，应当分层开采；对已受污染的潜水和承压水，不得混合开采；兴建地下工程设施或者进行地下勘探、采矿等活动，应当采取防护性措施，防止地下水污染；人工回灌补给地下水，不得恶化地下水质。

三、环境噪声污染防治法

（一）环境噪声污染防治立法和管理体制

中国对环境噪声污染的防治始于 20 世纪 50 年代制定的《工厂安全卫生规程》，该规程对工厂内各种噪声源规定了防治措施。1973 年，国务院颁布的《关于保护和改善环境的若干规定（试行草案）》中专门对工业和交通噪声的控制做出了规定。1979 年颁布的《环境保护法（试行）》，对城市区域、工业和交通运输等环境噪声污染的防治做出了原则性的规定。1979 年，原国家标准总局颁布了《机动车辆允许噪声标准》。同年，卫生部、原国家劳动总局联合颁布了《工业企业噪声卫生标准（试行）》。1982 年，中国颁布了《城市区域环境噪声标准》，这是中国在环境噪声污染防治方面颁布的第一个综合性环境噪声标准。1986 年国务院制定了《民用机场管理规定》，对防治民用飞机产生的噪声做出了控制性规定。1989 年，国务院颁布了专门的《环境噪声污染防治条例》。1996 年，国家制定了《环境噪声污染防治法》，于 1997 年施行。

《环境噪声污染防治法》规定的与环境噪声污染防治相关的标准主要包括声环境质量标准和环境噪声排放标准两大类。国务院环保行政主管部门分别对不同的功能区制定国家声环境质量标准，根据国家声环境质量标准和国家经济、技术条件，制定国家环境噪声排放标准。县级以上地方人民政府根据国家声环境标准，划定本行政区域内各类声环境标准的适用区域并进行管理。《城市区域环境噪声标准》将城市区域的类别划分为 0～4 共五类，这是中国目前主要的声环境标准依据。乡村生活区域也可以参照该标准执行。其他声环境质量标准还有《机场周围飞机噪声环境标准》、《城市港口及江河两岸区域环境噪声标准》、《铁路边界噪声限值及其测量方法》等。中国的环境噪声排放标准主要有《摩托车和轻便摩托车噪声限值》、《汽车定置噪声值》、《工业企业厂界噪声标准》、《厂界噪声测量方法》、《建筑施工厂界噪声限值》、《铁路边界噪声限值及其测量方法》、《机动车辆允许噪声标准》等。

(二) 环境噪声污染防治法的主要内容

在环境噪声污染防治的监督管理方面，法律主要规定了环境影响报告和"三同时"制度、落后设备淘汰制度、偶发性强烈噪声排放的申请和公告制度、环境噪声监测制度等。具体内容如下：

建设项目可能产生环境噪声污染的，建设单位必须提出环境影响报告书，制定环境噪声污染的防治措施，并按照国家规定的程序报环境保护行政主管部门批准。建设项目的环境噪声污染防治设施必须与主体工程同时设计、同时施工、同时投产使用。建设项目在投入生产或者使用之前，其环境噪声污染防治设施必须经原审批环境影响报告书的环境保护行政主管部门验收，达不到国家规定要求的，该建设项目不得投入生产或者使用。国家对环境噪声污染严重的落后设备实行淘汰制度。国务院经济综合主管部门应当会同国务院有关部门公布限期禁止生产、禁止销售、禁止进口的环境噪声污染严重的设备名录。生产者、销售者或者进口者必须在国务院经济综合主管部门会同国务院有关部门规定的期限内分别停止生产、销售或者进口列入前款规定的名录中的设备。在城市范围内从事生产活动确需排放偶发性强烈噪声的，必须事先向当地公安机关提出申请，经批准后方可进行。当地公安机关应当向社会发布公告。国务院环境保护行政主管部门应当建立环境噪声监测制度，制定监测规范，并会同有关部门组织监测网络。环境噪声监测机构应当按照国务院环境保护行政主管部门的规定报送环境噪声监测结果。

为防治工业噪声污染，法律规定：

在城市范围内向周围生活环境排放工业噪声的，应当符合国家规定的工业企业厂界环境噪声排放标准。在工业生产中因使用固定的设备造成环境噪声污染的工业企业，必须按照国务院环境保护行政主管部门的规定，向所在地的县级以上地方人民政府环境保护行政主管部门申报拥有的造成环境噪声污染的设备的种类、数量以及在正常作业条件下所发出的噪声值和防治环境噪声污染的设施情况，并提供防治噪声污染的技术资料；造成环境噪声污染的设备的种类、数量、噪声值和防治设施有重大改变的，必须及时申报，并采取应有的防治措施；产生环境噪声污染的工业企业，应当采取有效措施，减轻噪声对周围生活环境的影响。

为防治建筑施工噪声污染，法律规定：

在城市市区范围内向周围生活环境排放建筑施工噪声的，应当符合国家规定的建筑施工场界环境噪声排放标准；在城市市区范围内，建筑施工过程中使用机械设备，可能产生环境噪声污染的，施工单位必须在工程开工十五日以前向工程所在地县级以上地方人民政府环境保护行政主管部门申报该工程的项目名称、施工场所和期限、可能产生的环境噪声值以及所采取的环境噪声污染防治措施的情况；在城市市区噪声敏感建筑物集中区域内，禁止夜间进行产生环境噪声污染的建筑施工作业，但抢修、抢险作业和因生产工艺上要求或者特殊需要必须连续作业的除外；因特殊需要必须连续作业的，必须有县级以上人民政府或者其有关主管部门的证明；夜间作业，必须公告附近居民。

为防治交通运输噪声污染，法律规定：

禁止制造、销售或者进口超过规定的噪声限值的汽车；在城市市区范围内行驶的机动车辆的消声器和喇叭必须符合国家规定的要求；机动车辆在城市市区范围内行驶，机动船舶在城市市区的内河航道航行，铁路机车驶经或者进入城市市区、疗养区时，必须按照规定使用声响装置；警车、消防车、工程抢险车、救护车等机动车辆在执行非紧急任务时，禁止使用警报器；城市人民政府公安机关可以根据本地城市市区区域声环境保护的需要，划定禁止机动车辆行驶和禁止其使用声响装置的路段和时间，并向社会公告；建设经过已有的噪声敏感建筑物集中区域的高速公路、城市高架和轻轨道路，有可能造成环境噪声污染的，应当设置声屏障或者采取其他有效的控制环境噪声污染的措施；穿越城市居民区、文教区的铁路，因铁路机车运行造成环境噪声污染的，当地城市人民政府应当组织铁路部门和其他有关部门，制定减轻环境噪声污染的规划；民航部门应当采取有效措施，减轻环境噪声污染。

为防治社会生活噪声污染，法律规定：

在城市市区噪声敏感建筑物集中区域内，因商业经营活动中使用固定设备造成环境噪声污染的商业企业，必须按照国务院环境保护行政主管部门的规定，向所在地的县级以上地方人民政府环境保护行政主管部门申报拥有的造成环境噪声污染的设备的状况和防治环境噪声污染的设施的情况；新建营业性文化娱乐场所的边界噪声必须符合国家规定的环境噪声排放标准，否则不予发放营业执照；经营中的文化娱乐场所，其经营管理者必须采取有效措施，使其边界噪声不超过国家规定的环境噪声排放标准；禁止在商业经营活动中使用高音广播喇叭或者采用其他发出高噪声的方法招揽顾客；在商业经营活动中使用空调器、冷却塔等可能产生环境噪声污染的设备、设施的，其经营管理者应当采取措施，使其边界噪声不超过国家规定的环境噪声排放标准；禁止任何单位、个人在城市市区噪声敏感建设物集中区域内使用高音广播喇叭；在已竣工交付使用的住宅楼进行室内装修活动，应当限制作业时间，并采取其他有效措施，以减轻、避免对周围居民造成环境噪声污染。

四、固体废物污染防治法

（一）固体废物污染防治立法和管理体制

从 20 世纪 70 年代开始，中国全面开展了有关固体废物的综合利用和管理工作。《环境保护法（试行）》、《海洋环境保护法》、《水污染防治法》、《大气污染防治法》等法律，均对固体废物的排放控制及其污染防治做出了专门的规定。1995 年，国家通过了《固体废物污染环境防治法》，2004 年修订，自 2005 年施行，确立了固体废物污染环境防治的"减量化、资源化和无害化"及对固体废物实行全过程、分类管理的原则。

国务院环境保护行政主管部门是全国的固体废物污染环境防治工作的主管机关。国务院有关部门在各自的职责范围内负责固体废物污染环境防治的监督管理工作。同时，县级以上地方人民政府环境保护行政主管部门对本行政区域内固体废物污染环境的防治工作实施统一监督管理。国务院和县级以上人民政府有关部门在各自的职责范围内负责固体废物污染环境防治的监督管理工作。国务院环境保护行政主管部门会同国务院经济综合主管部门和其他有关部门对工业固体废物对环境的污染做出界定，制定防治工业固体废物污染环境的技术政策，组织推广先进的防治工业固体废物污染环境的生产工艺和设备。国务院经济综合主管部门会同国务院有关部门组织研究、开发和推广减少工业固体废物产生量的生产工艺和设备，公布限期淘汰产生严重污染环境的工业固体废物的落后生产工艺、落后设备的名录。

（二）固体废物污染环境防治法的具体内容

为防止工业固体废物污染环境，法律主要规定了对产生工业固体废物的建设项目的监督管理制度；推广清洁生产；淘汰落后的生产工艺和生产设备；建立工业固体废物申报登记制度；建立专用贮存工业废物的设施和场所。具体内容如下：

建设产生工业固体废物的项目以及建设贮存、处置固体废物的项目，必须遵守国家有关建设项目环境保护管理的规定。建设项目的环境影响报告书，必须对建设项目产生的固体废物对环境的污染和影响做出评价，规定防治环境污染的措施，并按照国家规定的程序报环境保护行政主管部门批准。建设项目的环境影响报告书确定需要配套建设的固体废物污染环境防治设施的，必须与主体工程同时设计、同时施工、同时投产使用。禁止擅自关闭、闲置或者拆除工业固体废物污染环境防治设施及场所；确实有必要关闭、闲置或者拆除的设施和场所，必须经所在地县级以上地方人民政府环境保护行政主管部门核准，并采取措施，防止污染环境。生产者、销售者、进口者或者使用者必须在国务院经济综合主管部门会同国务院有关部门规定的期限内分别停止生产、销售、进口或者使用列入规定的名录中的设备。生产工艺的采用者必须在国务院经济综合主管部门会同国务院有关部门规定的期限内停止采用列入规定的名录中的工艺。产生工业固体废物的单位必须按照国务院环境保护行政主管部门的规定，向所在地县级以上地方人民政府环境保护行政主管部门提供工业固体废物的产生量、流向、贮存、处置等有关资料。企业事业单位对其产生的不能利用或者暂时不利用的工业固体废物，必须按照国务院环境保护行政主管部门的规定建设贮存或者处置的设施和场所。露天贮存冶炼渣、化工渣、燃煤灰渣、废矿石、尾矿和其他工业固体废物的单位，应当设置专用的贮存设施、场所。建设工业固体废物贮存、处置的设施和场所，必须符合国务院环境保护行政主管部门规定的环境保护标准。在国务院和国务院有关主管部门及省、自治区、直辖市人民政府划定的自然保护区、风景名胜区、生活饮用水源地和其他需要特别保护的区域内，禁止建设工业固体废物集中贮存、处置设施和场所以及生活垃圾填埋场。

为防治生活垃圾污染环境，法律规定：

任何单位和个人应当遵守城市人民政府环境卫生行政主管部门的规定，在指定的地点倾倒、堆放城市生活垃圾，不得随意扔撒或者堆放；贮存、运输、处置城市生活垃圾，应当遵守国家有关环境保护和城市环境卫生的规定，防止污染环境；城市生活垃圾应当及时清运，并积极开展合理利用和无害化处置；城市人民政府应当有计划地改进燃料结构，发展城市煤气、天然气、液化气和其他清洁能源，组织净菜进城，减少城市生活垃圾，统筹规划，合理安排收购网点，促进废弃物的回收利用工作；城市人民政府应当配套建设城市生活垃圾清扫、收集、贮存、运输、处置设施。

为防止危险固体废物污染环境，法律主要规定了危险废物名录制度、登记识别制度、经营许可制度、处置规定、发生事故时的强制应急规定。具体内容如下：

国务院环境保护行政主管部门会同国务院有关部门制定国家危险废物名录，规定统一的危险废物鉴别标准、鉴别方法和识别标志。产生危险废物的单位，必须按照国家有关规定申报登记。对危险废物的容器和包装物以及收集、贮存、运输、处置危险废物的设施、场所，必须设置危险废物识别标志。从事收集、贮存、处置危险废物经营活动的单位，必须向县级以上人民政府环境保护行政主管部门申请领取经营许可证，由国务院规定具体管理办法。禁止无经营许可证或者不按照经营许可证规定从事危险废物收集、贮存、处置的经营活动。禁止将危险废物提供或者委托给无经营许可证的单位从事收集、贮存、处置的经营活动。产生危险废物的单位，必须按照国家有关规定处置；城市人民政府应当组织建设对危险废物进行集中处置的设施；以填埋方式处置危险废物不符合国务院环境保护行政主管部门的规定的单位，应当缴纳危险废物排污费。产生、收集、贮存、运输、利用、处置危险废物的单位，应当制定在发生意外事故时采取的应急措施和防范措施，并向所在地县级以上地方人民政府环境保护行政主管部门报告；环境保护行政主管部门应当进行检查；因发生事故或者其他突发性事件，造成危险废物严重污染环境的单位，必须立即采取措施消除或者减轻对环境的污染危害，及时通报可能受到污染危害的单位和居民，并向所在地县级以上地方人民政府环境保护行政主管部门和有关部门报告，接受调查处理；在发生危险废物严重污染环境、威胁居民生命财产安全时，县级以上地方人民政府环境保护行政主管部门必须立即向本级人民政府报告，由人民政府采取有效措施，解除或者减轻危害。

为控制固体废物的转移，法律规定：

转移固体废物出省、自治区、直辖市行政区域贮存、处置的，应当向固体废物移出地的省级人民政府环境保护行政主管部门报告，并经固体废物接受地的省级人民政府环境保护行政主管部门许可。禁止中国境外的固体废物进境倾倒、堆放、处置。国家禁止进口不能用作原料的固体废物，限制进口可以用作原料的固体废物。确有必要进口列入前款规定目录中的固体废物用作原料的，必须经国务院环境保护行政主管部门会同国务院对外经济贸易主管部门审查许可，方可进口。

五、海洋污染防治法

（一）海洋污染防治立法和管理体制

1974 年国务院批准发布的《防止沿海水域污染暂行规定》是中国最早的海洋污染防治法律文件。1979 年颁布的《环境保护法（试行）》对海洋环境污染防治做了一些原则性的规定。1982 年通过的《海洋环境保护法》是中国第一部保护海洋环境、防治海洋污染的综合性专门法律。此后，国务院相继颁布了《防止船舶污染海域管理条例》、《海洋石油勘探开发环境保护管理条例》、《海洋倾废管理条例》、《防止拆船污染环境管理条例》、《防治陆源污染物损害海洋环境管理条例》、《防治海岸工程建设项目污染损害海洋环境管理条例》等。1982 年国务院环境保护领导小组颁布了《海水水质标准》，随后又颁布了《船舶污染物排放标准》、《渔业水质标准》、《景观娱乐用水水质标准》等标准。1999 年通过了新的《海洋环境保护法》。此外，中国还加入了一些防治海洋环境污染的国际公约，如《国际油污损害民事责任公约》、《关于干预公海油污事件的国际公约》、《国际防止船舶造成污染公约》、《防止倾倒废弃物及其他物质污染海洋的公约》和《联合国海洋法公约》等。

国务院环境保护行政主管部门作为对全国环境保护工作统一监督管理的部门，对全国海洋环境保护工作实施指导、协调和监督，并负责全国防治陆源污染物和海岸工程建设项目对海洋污染损害的环境保护工作。

国家海洋行政主管部门负责海洋环境的监督管理，组织海洋环境的调查、监测、监视、评价和科学研究，负责全国防治海洋工程建设项目和向海洋倾倒废弃物对海洋污染损害的环境保护工作。

国家海事行政主管部门负责所辖港区水域内非军事船舶和港区水域外非渔业、非军事船舶污染海洋环境的监督管理，并负责污染事故的调查处理；对在中华人民共和国管辖海域航行、停泊和作业的外国籍船舶造成的污染事故登轮检查处理。船舶污染事故给渔业造成损害的，应当吸纳渔业行政主管部门参与调查处理。

国家渔业行政主管部门负责渔港水域内非军事船舶和渔港水域外渔业船舶污染海洋环境的监督管理，负责保护渔业水域生态环境工作，并调查处理前款规定的污染事故以外的渔业污染事故。

军队环境保护部门负责军事船舶污染海洋环境的监督管理及污染事故的调查处理。

沿海县级以上地方人民政府行使海洋环境监督管理权的部门的职责，由省、自治区、直辖市人民政府根据法律及国务院有关规定确定。

国家根据海洋环境质量状况和国家经济、技术条件，制定国家海洋环境质量标准；对国家标准中未做规定的项目，沿海省、自治区、直辖市人民政府可以制定地方海洋环境质量标准。各地方海洋环境标准的确定要考虑适用海区的自净能力和环境容量，以及该地区社会、经济的承受能力。国家和地方水污染物排放标准的制定，应当将国家和地方海洋环境质量标准作为重要依据之一。

（二）海洋污染防治法的基本内容

在海洋环境管理方面，法律主要规定了征收排污费和倾倒费制度，海洋功能区划制度，限期治理制度，重点海域污染物排海总量控制制度，淘汰制度，海洋环境监测、监视信息管理制度，海上重大污染事故应急制度以及船舶油污损害民事赔偿制度和船舶油污保险制度等。具体内容如下：

　　直接向海洋排放污染物的单位和个人，必须按照国家规定缴纳排污费。向海洋倾倒废弃物，必须按照国家规定缴纳倾倒费。国家海洋行政主管部门会同国务院有关部门和沿海各省、自治区、直辖市人民政府拟定全国海洋功能区划，报国务院批准。沿海地方各级人民政府应当根据全国和地方海洋功能区划，科学合理地利用海域。对超过污染物排放标准的，或者在规定的期限内未完成污染排放削减任务的，或者造成海洋环境严重污染损害的，应当限期治理。国家建立并实施重点海域排污总量控制制度，确定主要污染物排海总量控制指标，并对主要污染源分配排放控制数量；在国家建立并实施排污总量控制制度的重点海域，水污染物排放标准的制定，还应当将主要污染物排海总量控制指标作为重要依据。对严重污染海洋环境的落后生产工艺和设备，实行淘汰制度。国家行政主管部门按照国家环境监测、监视规范和标准，管理全国海洋环境的调查、监测、监视活动，制定具体的实施办法，会同有关部门组织全国海洋环境监测、监视网络，定期评价海洋环境质量，发布海洋巡航监视通报。国家海洋行政主管部门按照国家制定的环境监测、监视信息管理制度，负责管理海洋综合信息系统，为海洋环境保护监督管理提供服务。因发生事故或者其他突发性事件，造成或者可能造成海洋环境污染事故的单位和个人，必须立即采取有效措施，及时向可能受到危害者通报，并向依法行使海洋环境监督管理权的部门报告，接受调查处理。国家根据防止海洋环境污染的需要，制定国家重大海上污染事故应急计划。国家海洋行政主管部门负责制定全国船舶重大海上溢油应急计划，沿海可能发生重大海洋环境污染事故的单位，应当依照国家的规定，制定污染事故应急计划。各应急计划需依法向环境保护主管部门、海洋行政主管部门备案。当发生重大海上污染事故时，沿海县级以上地方人民政府及其有关部门必须按照应急计划减轻或者消除危害。

　　在海洋生态保护方面，法律规定：

　　典型的海洋自然地理区域、具有代表性的自然生态系统，以及遭受破坏但经保护能恢复的海洋自然生态区域；海洋生物物种高度丰富的区域，或者珍稀、濒危海洋生物物种的天然集中分布区域；具有特殊保护价值的海域、海岸、岛屿、滨海湿地、入海河口和海湾；具有重大科学文化价值的海洋自然遗迹所在区域和其他需要予以特殊保护的区域应当建立海洋自然保护区。开发利用海洋资源，应当根据海洋功能区划合理布局，不得造成海洋生态环境破坏；引进海洋动植物物种，应当进行科学论证，避免对海洋生态系统造成危害。新建、改建、扩建海水养殖场，应当进行环境影响评价。海水养殖应当科学地确定养殖密度，并应当合理投饵、施肥，正确使用药物，防止造成海洋环境污染。

为防止陆源污染物对海洋环境的污染损害，法律主要规定了达标排放制度、排污口管理制度和排放申报制度等。具体内容如下：

向海域排放陆源污染物，必须严格执行国家或者地方规定的标准和有关规定。向海域排放低水平放射性废水，含病原体的医疗废水、生活污水和工业废水、含热废水等，必须采取防治措施，达标排放。入海排污口的选择，应当根据海洋功能区划、海水动力条件和有关规定，经科学论证后，报设区的市级以上人民政府环保主管部门审批。海洋自然保护区、重要渔业水域、海滨风景名胜区和其他需要特别保护的区域都不得新建排污口。排放陆源污染物的单位，必须向环境保护行政主管部门申报拥有的陆源污染物排放设施、处理设施和正常作业条件下排放陆源污染物的种类、数量和浓度，并提供防治海洋环境污染方面的有关技术和资料。排放陆源污染物的种类、数量和浓度有重大改变的，必须及时申报。拆除或者闲置陆源污染物处理设施的，必须事先征得环境保护行政主管部门的同意。禁止向海域排放油类、酸液、碱液、剧毒液和高、中水平放射性废水以及含不易降解的有机物和重金属废水；严格控制向海湾、半封闭海及其他自净能力较差的海域排放含有机物和营养物质的工业废水、生活污水，以防止引起赤潮等富营养化污染。

为防治海岸工程建设项目对海洋环境的污染损害，法律规定：

新建、改建、扩建海岸工程建设项目，必须遵守国家有关建设项目环境保护的规定，包括把防治污染所需的资金纳入投资计划；环境影响评价报告书由海洋行政主管部门提出审核意见后，报环保行政主管部门审批；在海洋自然保护区、海滨风景区、重要渔业水体及其他需要特别保护的区域，不得从事污染环境、破坏景观的海岸工程建设项目或其他活动；严格执行建设项目"三同时"制度。禁止在沿海陆域内新建不具备有效治理措施的化学制浆造纸、化工、印刷、制革、电镀、酿造、炼油、岸边冲滩拆船以及其他严重污染海洋环境的工业生产项目。兴建海岸工程建设项目，必须采取有效措施，保护国家和地方重点保护的野生动植物及其生存环境和海洋水产资源。严格限制在海岸采挖砂石。露天开采海洋砂矿和从岸上打井开采海底矿产资源，必须采取有效措施，防止污染海洋环境。

为防治海洋工程建设项目对海洋环境的污染损害，法律规定：

海洋工程建设项目必须严格执行环境影响评价和"三同时"制度。海洋环境影响报告书由海洋行政主管部门核准，报环境保护行政主管部门备案，并受其监督。海洋工程建设项目使用的材料必须符合环境保护和污染防治的要求，不得使用含超标准放射性物质或者有毒有害物质的材料；在施工过程中进行爆破作业时，必须采取保护海洋资源的有效措施。在海洋石油勘探开发及输油过程中，必须采取有效措施，避免溢油事故的发生；海洋石油钻井船、钻井平台和采油平台的含油污水和油性混合物，必须经过处理达标后排放；残油、废油必须予以回收，不准排放入海；经回收处理后排放的，其含油量不得超过国家标准；海洋石油钻井船、钻井平台和采油平台及其有关海上设施，不得向海域处置含油的工业垃圾；处置其他工业垃圾，不得造成海洋环境污染；海上试油时，应当确保油气充分燃烧，油和油性混合物不得排放入海；勘探开发海洋石油，必须按有关规定编制溢油应急计划，报国家海洋行政主管部门审查批准。

为防治倾倒废弃物对海洋环境的污染损害，法律主要规定了倾倒许可证制度、废弃物分级管理制度、划定海洋保护区制度。具体内容如下：

需要倾倒废弃物的单位，应根据其倾倒废弃物具体的情况申领许可证。获得许可证后，方可倾倒。同时该单位应履行相应的义务，包括按照许可证注明的期限及条件到指定的地区倾倒并对倾倒的情况做出详细书面记录；废弃物装载之后，应经批准部门核实；倾倒之后，倾倒单位应书面报告批准单位。向海洋倾倒废弃物，应当按照废弃物的类别和数量实行分级管理。由国家海洋行政主管部门经过评价，拟定可以倾倒的废弃物名录。该名录经国务院批准后施行。国家海洋行政主管部门按科学、合理、经济、安全的原则选划海洋倾倒区，经国务院环境保护行政主管部门提出审核意见后，报国务院批准。国家海洋行政主管部门监督管理倾倒区的使用，组织倾倒区的环境监测，对经确认不宜继续使用的倾倒区，国家海洋主管部门应当予以关闭。获准倾倒废弃物的单位，必须按照许可证注明的期限及条件，到指定的区域进行倾倒。

为防治船舶及有关作业活动对海洋环境的污染损害，法律主要规定了禁止排放污染物，船舶及相关作业防污能力和资格，油污损害民事赔偿责任制度和保险、基金制度，申报、评估和核准制度，海上污染报告制度。具体内容如下：

在中华人民共和国管辖海域，任何船舶及相关作业不得违反本法规定向海洋排放污染物、废弃物和压舱水、船舶垃圾及其他有害物质。船舶必须按照有关规定持有防治海洋环境污染的证书与文书；必须配备相应的防污设备和器材；从事船舶污染物、废弃物、船舶垃圾接收、船舶清仓、洗舱作业活动的，必须具备相应的接收处理能力；港口、码头、装卸站和船舶修造厂必须按照有关规定备有足够的用于处理船舶污染物、废弃物的接收设施，并使该设施处于良好状态。国家完善并实施船舶油污损害民事赔偿责任制度；按照船舶油污损害赔偿责任由船东和货主共同承担风险的原则，建立船舶油污保险、油污损害赔偿基金制度。具体办法由国务院制定。载运具有污染危害性货物进出港口的船舶，其承运人、货物所有人或者代理人，必须事先向海事行政主管部门申报。经批准后，方可进出港口、过境停留或者装卸作业；需要船舶装运危害性不明的货物，应当按照有关规定事先进行评估；船舶在港区水域内使用焚烧炉、洗舱、清舱、驱气、排放压载水、残油、含油污水接收、舷外拷铲及油漆，冲洗沾有污染物、有毒有害物质的甲板，进行散装液体污染危害性货物的过驳等作业，船舶、码头设施使用化学消油剂，从事船舶水上拆卸、打捞、修造和其他水上、水下船舶施工作业的，应当事先按照有关规定报经有关部门批准或核准。所有船舶均有监视海上污染的义务，在发现海上污染事故或其他违反该法的行为时，必须立即向就近的行使海洋环境监督管理权的部门报告；民用航空器发现海上排污或者污染事件，必须及时向就近的民用航空空中交通管制单位报告。接到报告的单位，应当立即向有权的海洋环境监督管理部门通报。

六、放射性污染防治法

（一）放射性污染防治立法和管理体制

在发展核能与核技术应用的过程中，为防治已经出现的和潜在的放射源污染，国务院相继颁布了《中华人民共和国民用核设施安全监督管理条例》、《中华人民共和国核材料管制条例》、《放射性同位素与射线装置放射防护条例》、《核电厂核事故应急管理条例》、《国家核应急预案》等，国务院有关部门先后颁布了有关辐射防护和放射性废物管理方面的规章和标准，其内容涵盖辐射防护、放射性废物管理政策和废物分类、处理、整备、贮存、运输和处置等方面。2003年，《中华人民共和国放射性污染防治法》开始施行。

国务院环境保护行政主管部门对全国放射性污染防治工作依法实施统一监督管理。国务院卫生行政部门和其他有关部门依据国务院规定的职责，对有关的放射性污染防治工作依法实施监督管理。

国家放射性污染防治标准由国务院环境保护行政主管部门根据环境安全要求与国家经济技术条件制定。国家放射性污染防治标准由国务院环境保护行政主管部门和国务院标准化行政主管部门联合发布。进口核设施应当符合国家放射性污染防治标准；没有相应的国家放射性污染防治标准的，采用国务院环境保护行政主管部门指定的国外有关标准。相应的标准分为基本标准、技术标准和控制标准等。标准除通常的国家标准外，还包括技术规范。技术规范是指为放射性污染防治服务的各类技术性规范，包括有关的技术导则和技术文件。向环境排放放射性废气、废液，必须符合国家放射性污染防治标准。排放不超过环境保护部门认可的限值，包括排放总量和浓度限值；有适当的监控设备，排放是受控的，放射性废液采用槽式排放；按照 GB 18871—2002 的有关要求使排放的控制最优化。

（二）放射性污染防治法的具体内容

在放射性废气、废液排放方面，法律主要规定了总量控制和受控排放制度。具体内容如下：

产生放射性废气、废液的单位在向环境保护部门提交环境影响报告的同时，应提交预计的放射性废气和废液的排放量申请，包括确定拟排放放射性核素的特性和活度及可能的排放位置和方式，以及计划排放可能引起的公众关键人群的受照剂量。环境保护部门根据申请排放单位所在区域其他设施的排放情况，按照公众剂量限值标准，给该单位分配一定的排放份额。排放单位应使放射性废气、废液排放量保持在排放限值以下可合理达到的尽量低水平，并进行足够详细和准确的监测，以证明放射性核素的排放满足限值要求。同时，排放单位还应记录和保存监测结果，按规定定期向环境保护部门报告监测结果，并及时报告任何超过规定限值的排放。产生放射性废物的单位，必须按照国家放射性污染防治标准的要求，并对不得向环境排放的放射性废液进行处理或者贮存。产生放射性废液的单位，向环境排放符合国家放射性污染防治标准的放射性废液，必须符合国务院环境保护行政主管部门规定的排放方式。禁止利用渗井、渗坑、天然裂隙、溶洞或者国家禁止的其他方式排放放射性废液。

在核设施建设运行管理方面，法律主要规定了规划限制区制度、营运单位安全保卫制度和核事故应急制度。具体内容如下：

在核动力厂等重要核设施外围地区应当划定规划限制区。规划限制区是指在核动力厂等重要核设施周围划定的一个缓冲区，它不属于核设施所拥有的土地，但在该区域内的建设开发活动应受到一定限制，如限制人口机械增长过快，限制大型油、气站等危险项目的建设等。规划限制区的具体划定和管理办法，将由国务院组织制定颁布。核设施营运单位实行安全保卫制度，加强安全保卫工作，并接受公安部门的监督指导；应当按照核设施的规模和性质制定核事故场内应急计划，做好应急准备；出现核事故应急事故时，必须立即采取有效的应急措施控制事故，并向核设施主管部门和环境保护行政主管部门、卫生行政部门、公安部门以及其他有关部门报告。国家建立健全核事故应急制度，核设施主管部门、环境保护行政主管部门、卫生行政部门、公安部门以及其他有关部门，在本级人民政府的组织领导下，按照各自的职责依法做好核事故应急工作。中国人民解放军和中国人民武装警察部队按照国务院、中央军事委员会的有关规定在核事故应急中实施有效的支援。

在核材料、核技术的管理方面，法律主要规定了核技术利用的许可证和登记制度、放射性同位素备案制度和禁止放射性废物进出口的要求。具体内容如下：

生产、销售、使用放射性同位素和射线装置的单位，应当按照国务院有关放射性同位素与射线装置放射防护的规定申请领取许可证，办理登记手续。转让、进口放射性同位素和射线装置的单位以及装备有放射性同位素的仪表的单位，应当按照国务院有关放射性同位素与射线装置放射防护的规定办理有关手续。国家建立放射性同位素备案制度，并授权国务院制定具体方法。对放射性同位素

（包括废放射源的管理）实施从生产、进口、销售、使用、转让、贮存、事故事件、废弃和处理的全过程进行记录、备案和控制。禁止将放射性废物和被放射性污染的物品输入中华人民共和国境内或者经中华人民共和国境内转移。中华人民共和国出口产品产生的放射性废物和被放射性污染的物品，根据有关规定必须返回国内处理、处置的除外。

第四节　自然资源和生态保护法

一、自然资源保护法

根据要素分类，自然资源保护法主要包括土地资源保护法、水资源保护法、矿产资源保护法、森林资源保护法和草原资源保护法。

中国现行的关于土地资源利用保护的法律法规主要包括《土地管理法》（1986年通过，1988年、1998年修订）及其实施条例（1998）、《土地复垦规定》（1988）、《城镇国有土地使用权出让和转让暂行条例》（1990）、《水土保持法》（1991）及其实施条例（1993）、《城市房地产管理法》（1994）、《基本农田保护条例》（1998年通过发布，1994年的同名条例废止）、《农村土地承包法》（2002）等。另外在《宪法》、《环境保护法》、《矿产资源法》等法律中也有关于土地资源利用保护的规定。上述法律法规主要确立了土地资源产权制度和土地资源行政制度，其中产权制度包括土地所有权制度、土地使用权制度和土地承包经营权制度；行政制度包括土地行政主体制度、土地用途管制制度、耕地和基本农田保护制度、建设用地制度、土地复垦制度、土地税赋制度，土地行政监督检查制度。

中国现行的关于水资源开发利用保护的法律法规主要包括《水法》（2002）、《取水许可和水资源费征收管理条例》（2006）和相关法律及行政法规。上述法律法规主要确立了水资源产权和水资源行政制度，其中水资源产权制度包括水资源所有权制度和取水权制度；水资源行政制度包括水资源管理体制制度和水资源规划制度，具体有流域规划与区域规划，中长期规划和流域水量分配，水资源、水域和水工程保护制度，水资源配置与节约用水制度。

中国现行的关于矿产资源开发利用保护的法律法规主要包括《矿产资源法》

（1986 年，1996 年修正）、《矿产资源法实施细则》（1994）、《矿产资源补偿费征收管理办法》（1994）、《矿产资源勘查区块登记管理办法》（1998）、《矿产资源开采登记管理办法》（1998）、《探矿权采矿权转让管理办法》（1998）、《矿产资源登记统计管理办法》（2003）和相关的法律及行政法规。上述法律法规主要确立了矿产资源产权制度和矿产资源行政制度，其中矿产资源产权制度包括矿产资源所有权制度和探矿权、采矿权制度；矿产资源行政制度包括矿业行政主体制度，区块登记管理制度，开采登记管理制度，矿业权转让管理制度，区块和矿区规划制度，矿业勘探、开采管理制度，资源税制度，矿产资源补偿费制度，矿山企业制度以及矿种管理专门制度等。

中国现行的关于森林资源开发利用保护的法律法规主要包括《森林法》（1984 年通过，1998 年修正）、《国务院关于开展全民义务植树运动的实施办法》（1982）、《森林防火条例》（1988）、《森林病虫害防治条例》（1989）、《森林公园管理办法》（1993）、《森林法实施条例》（2000）、《退耕还林条例》（2003）和相关的法律及行政法规。上述法律法规主要确立了森林资源产权制度和森林资源行政制度，其中森林资源产权制度包括森林资源所有权制度，林地、森林、林木承包经营权制度；森林资源行政制度包括林业行政主体制度，林业产权管理制度，林业扶持和保护制度，林业管理制度，森林经营管理制度，森林保护制度，植树造林制度，森林采伐制度，木材运输制度，珍贵树木及其制品、衍生物进出口管理制度，森林自然保护区制度以及森林公园制度等。

中国现行的关于草原资源开发利用保护的法律法规主要包括《草原法》（1985 年通过，2002 年修订，2003 年施行）、《草畜平衡管理办法》（2005）、《草原征占用审核审批管理办法》（2006）和相关的法律及行政法规。上述法律法规主要确立了草原资源产权制度和草原资源行政制度，其中草原资源产权制度包括草原资源所有权和使用权制度以及草原权属登记制度；草原资源行政制度包括合理规划、建设、利用草原制度，保护草原制度，对草原法律法规执行情况的监督检查和对违法行为的追究制度等。

二、生态保护法

生态保护法是指为防止人为原因造成生态系统破坏，以保存生物的多样性为目的而制定的法律规范的总称。中国目前有关生态保护方面的相关立法有《野生动物保护法》（1988 年制定，2004 年修订）、《水土保持法》、《文物保护法》、

《城市规划法》以及《农业法》、《渔业法》等。除此之外，国务院还制定有《陆生野生动物保护实施条例》（1992）、《水生野生动物保护实施条例》（1993）、《野生植物保护条例》（1996）、《自然保护区条例》、《风景名胜区管理暂行条例》、《森林和野生动物类型自然保护区管理办法》等行政法规。

中国的生态保护遵循保持和保存的法律原则。保护的内涵有保持（conservation）和保存（preservation）之分。保持的目的是保持自然环境要素经常处于可供人类持续利用的状态，而保存的目的则是保存生态系统、自然界其他历史或人文古迹处于原始的状态。两者之间存在着以下区别：

在保持的原则下，人类可以对自然界以及生态进行非开发或生产性的利用，如休闲、运动、娱乐、观光等活动。而在保存的原则下，非为科学研究不允许人类对自然界以及生态进行一般性利用，包括人们对自然界进行的所谓"养护"等的工作。

中国在生态保护政策方面主要采取了"就地保护"和"迁地保护"的方法。

就地保护，是指以各种类型的自然保护区包括风景名胜区的方式，对有价值的自然生态系统和野生生物及其栖息地予以保护，以保持生态系统内生物的繁衍与进化，维持系统内的物质能量流动与生态过程。建立自然保护区和各种类型的风景名胜区是实现这种保护目标的重要措施。

迁地保护，是指在自然生态系统已经受到破坏或可能受到严重破坏威胁的地域，以人工方式对那些不迁移就会灭绝的野生生物物种，从该地域迁往另一地域予以保护的过程。在就地保护的条件下，可以使全部生物物种及其整个生态系统都得到保护；而在迁地保护情况下，仅仅只能保存单一的目标物种。原则上迁地保护只适用于对受到高度威胁的动植物物种的紧急拯救。

对野生生物的保护属于物种保护的范畴，而非仅仅指经济价值意义上的资源保护。野生生物包括野生动物和野生植物两大类。法律所要保护的野生动物，既包括处于自然状态下尚未受到人们通过合法途径获取、控制而成为私有财产所有权客体的各类野生、陆生、水生动物，也包括人们通过合法手段豢养、狩猎或养殖的野生动物。《野生动物保护法》所保护的野生动物是指珍贵的、濒危的陆生、水生野生动物和有益的或者有重要经济或科研价值的陆生野生动物。珍贵、濒危的水生野生动物以外的其他水生野生动物的保护，则适用《渔业法》的规定。由于外来物种入侵造成对生态环境安全的危害，国务院有关部门还制定了防治外来物种入侵的管理规定。

在野生动物保护方面，法律规定：

（1）野生动物的权属规定：《野生动物保护法》规定，野生动物资源属于国家所有。国家保护依法开发利用野生动物资源的单位和个人的合法权益。

（2）野生动物的保护措施：①重点保护野生动物名录制度。将国家重点保护的野生动物分为一级保护野生动物和二级保护野生动物。国家重点保护的野生动物名录及其调整，由国务院野生动物行政主管部门制定，报国务院批准。②自然保护区制度。③对野生动物及其栖息地实行监视性保护措施。④野生动物致害补偿制度。因保护国家和地方重点保护野生动物，造成农作物或者其他损失的，由当地政府给予补偿。

在野生植物保护方面，法律规定了重点保护野生植物名录制度，自然保护区制度，环境影响评价制度，野生植物资源调查档案制度，采集证制度，禁止出售、收购国家一级保护野生植物等制度。

自然区域的法律保护是生态保护的重要内容，目前中国有关自然区域保护的法律主要涉及自然保护区、自然遗产与风景名胜区、城市景观与绿地等方面。

在自然保护区方面，法律主要规定：

典型的自然地理区域、有代表性的自然生态系统区域以及已经遭受破坏但经保护能够恢复的同类自然生态系统区域；珍稀、濒危野生动植物物种的天然集中分布区域；具有特殊保护价值的海域、海岸、岛屿、湿地、内陆水域、森林、草原和荒漠；具有重大科学文化价值的地质构造、著名溶洞、化石分布区、冰川、火山、温泉等自然遗迹；经国务院或者省、自治区、直辖市人民政府批准，需要予以特殊保护的其他自然区域应当建立自然保护区。自然保护区分为国家级自然保护区和地方级自然保护区。自然保护区可以分为核心区、缓冲区和实验区。在自然保护区的核心区和缓冲区内，不得建设任何生产设施。在自然保护区的实验区内，不得建设污染环境、破坏资源或者景观的生产设施；建设其他项目，其污染物排放不得超过国家和地方规定的污染物排放标准。在自然保护区的实验区内已经建成的设施，其污染物排放超过国家和地方规定的排放标准的，应当限期治理；造成损害的，必须采取补救措施。在自然保护区的外围保护地带建设的项目，不得损害自然保护区内的环境质量；已造成损害的，应当限期治理。

在风景名胜区方面，法律主要规定：

风景名胜区划分为国家级风景名胜区和省级风景名胜区。新设立的风景名胜区与自然保护区不得重合或者交叉。风景名胜区应编制规划，风景名胜区规划分为总体规划和详细规划，总体规划的规划期一般为二十年。国家建立风景名胜区管理信息系统，对风景名胜区规划实施和资源保护情况进行动态监测。在风景名胜区内禁止进行开山、采石、开矿、开荒、修坟立碑等破坏景观、植被和地形地貌的活动，禁止修建储存爆炸性、易燃性、放射性、毒害性、腐蚀性物品的设施，禁止在景物或者设施上刻画、涂污，禁止乱扔垃圾。风景名胜区内的建设项目应当符合风景名胜区规划，并与景观相协调，不得破坏景观、污染环境、妨碍游览。在风景名胜区内进行建设活动的，建设单位、施工单位应当制定污染防治和水土保持方案，并采取有效措施，保护好周围景物、水体、林草植被、野生动物资源和地形地貌。

第八章 环境因素识别与环境风险评价

第一节 环境因素的识别

一、基本概念

（一）环境因素

环境因素是组织活动、产品或服务中能与环境发生相互作用的要素，是环境管理要考虑的基本对象。

（二）环境因素识别

环境因素识别是指确定组织活动、产品或服务的环境因素，并判定其中具有重大环境影响的环境因素的过程。对环境因素的识别及其重要程度的确定是一个不断对组织过去、现在和未来可能的活动所带来的环境影响进行评价的过程。

二、环境因素识别的基本要求

（1）环境因素识别应覆盖本组织对环境管理造成直接或潜在影响的所有活动、产品或服务中的各个方面。

（2）环境因素识别应考虑正常、异常、紧急三种状态和过去、现在、将来三种时态。

（3）环境因素识别要体现全过程环境管理思想，考虑大气排放、水体排放、固体废物管理、噪声污染、资源能源的消耗、相关方环境影响等方面。

（4）环境因素识别人员要熟悉本部门的各项业务活动或本车间的工艺过程，认真填写环境因素识别记录。

三、环境因素的产生

根据环境因素的概念可知，环境因素产生于组织活动、产品或服务与环境发生相互作用的过程中。这些活动、产品或服务的典型例子如下：

（1）生产工艺。

（2）维修、保养。

（3）检验、分析、检测设施。

（4）基础设施。

（5）原材料、半成品的采购。

（6）设备更新。

（7）包装。

（8）产品使用。

（9）服务。

从时间上看，应包括组织过去、现在和未来可能发生的活动过程；依状态划分，应包括正常条件、异常条件以及紧急和意外情况下的活动过程。对活动过程进行分析，选择的尺度要适当，以便对其进行有意义的验证，有利于环境因素的识别和确定。

值得注意的是，环境因素的识别不应仅局限于生产经营活动排放的污染，以及能源资源使用等问题，组织的管理方式、员工的培训、组织的外部变化等也应引起注意。环境因素的识别应尽可能地细致、全面。通常，绘制工艺流程图或采取简单的物质平衡分析是一种识别污染、掌握废物产生和排放信息的有用工具。

四、环境因素的分类

环境因素通常可以分为以下七种类型：

（1）大气排放，指《大气污染物综合排放标准》规定的 33 种向大气排放的污染物的排放。

（2）水体排放，指生活废水、工业废水的排放。

（3）噪声排放，指各种作业活动、生活娱乐活动产生的噪声。

（4）固体废物的管理，包括生活垃圾、工业垃圾、危险固体废物的管理。

（5）土地污染，包括各种化学物质、各种油类、有害物质、各种重金属对土地的污染。

（6）能源资源的使用，能源资源的使用和消耗，必然伴随着对环境的影响，节能降耗是减少环境污染的重要手段。

（7）其他环境问题，包括各种放射性、各种辐射的污染，地方、社区的环境问题，相关方面的环境问题等。

五、环境因素的辨识原则

为了确保环境因素识别的充分性并提供环境管理体系控制的重要对象，环境因素识别应遵循以下原则：

（一）识别全面

即环境因素识别时应充分考虑组织活动、产品或服务中能够控制及可望对其施加影响的环境因素（包括所使用产品和服务中可标识的重要环境因素）。具体地说，应对三种状态、三种时态和七种类型的环境因素进行识别。

（1）三种状态：①正常，如生产连续运行；②异常，如生产的开车、停机、检修等；③紧急状态，如潜在火灾、事故排放、意外泄露、洪水、地震等。

（2）三种时态：①过去，如以往遗留的环境问题、泄露事件造成的土地污染；②现在，如现场活动、产品和服务的环境问题；③将来，如产品出厂后可能带来的环境问题、将来潜在法律法规变化的要求、计划中的活动可能带来的环境因素。

（3）七种类型：以上三种状态、三种时态可能存在大气排放、废水排放、噪声排放、废物管理、土地污染、原材料及自然资源的使用和消耗、当地社区的环境问题。

（二）识别具体

环境因素识别的目的是提供环境管理体系控制的明确对象，为此识别应与随后的控制和管理相一致。识别的具体程度应细化至可对其进行检查验证和追溯，但也不必过分细化，例如把实验室使用 pH 试纸废弃也作为一项环境因素，就太小题大做了。

（三）明确环境影响

环境因素的控制是减少或消除其环境影响，同一个环境因素可能存在不同的环境影响，因此，识别时应明确其环境影响，包括有利的和不利的环境影响。

（四）描述准确

依据 ISO 14004 标准示例，环境因素通常可以描述为"环境因素（物质）或污染物的名称与某一行动或动作的组合"，即名词加动词。污染物的名称应明确到有关污染物质的种类或组分。

六、环境因素识别的基本步骤

（一）划分和选择组织过程

即某一产品、活动或服务。

（1）应包括组织自身的产品、活动和服务。

（2）应包括组织使用的产品和服务。

（3）过程划分的粗细程度应大到能对其进行有意义的验证，小到能对其进行充分的理解，其关键是要顾及未来对环境因素进行清晰又方便的管理。

（二）确定选定过程中存在的环境因素

（1）要尽可能全面。

（2）要考虑可以控制及可望影响的环境因素。

（3）要考虑环境因素的三种时态——过去、现在和将来。

（4）要考虑环境因素的三种状态——正常、异常和紧急。

（5）每一个过程要从环境因素的七种类型去确定。

（三）明确每一个环境因素对应的环境影响

（1）要尽可能全面。

（2）要考虑积极的和负面的影响。

（3）从以下七个方面考虑环境影响：

大气排放；水体排放；废弃物处置，如含油抹布、废渣等有毒有害废弃物的处置；土地污染，如油品、化学品的泄露；对社区的影响，如噪声等；原材料与自然资源的消耗；其他地方性环境问题，如生态环境破坏、电磁污染、地层下陷等。

（四）确定环境因素的依据

（1）客观地具有或可能具有环境影响的。

（2）法律、法规及其他要求有明确规定的。

（3）积极的或负面的。

（4）相关方关注或要求的。

（5）其他。

七、环境因素识别的方法

环境因素识别的方法主要有过程分析法、产品生产周期分析（LCA）法、工艺流程物料衡算法、问卷调查法、现场观察及资料评审法、专家评议法等。这些识别方法各有利弊，且适用场合不同。因此，在应用时，可依据各组织的资源（人员的能力）和实际需要选择上述一种或几种方法组合使用，这样，才能达到预定的识别效果。以下介绍的是三种常用的识别方法：

（一）过程分析法

该方法通常把组织活动、产品或服务的全过程划分成许多过程片段，再根据某一过程片段分别识别出相关环境因素。其做法如下：

（1）以产品生命周期为思路，按照产品输入到输出全过程以组织的运行和活动进行排序，通常包括原料采购、周转、仓储、生产加工、包装、成品检验、运输等主线，以及动力、行政、后勤等辅线。

（2）对每一职责部门或运行活动单元按先后顺序划分各过程片段。

（3）通过现场观察、工艺分析及统计等方法，识别确定每一过程片段从输入到输出存在的环境因素（包括三种状态、三种时态和七种类型）。

（4）确定每个环境因素对应的环境影响。

（5）将各个过程片段的环境因素进行汇总统计，为了管理的需要，可按部门将环境影响相同或控制手段类似的环境因素排列在一起。

过程分析法识别环境因素的优点是在定性的基础上可以较为直观、快捷地识别环境因素，且过程细化，环境因素识别很少遗漏，便于随后对环境因素的控制策划和控制实施。

（二）生命周期分析（LCA）法

产品生命周期分析法是对产品进行"从摇篮到坟墓"的分析，使组织全面了解自己的产品，包括从原材料生产到最终废弃处置的全部生命过程中可能涉及的环境问题。

产品的生命周期通常分为五个阶段，即原材料的生产与加工、产品的生产与加工、产品的运输与销售、产品的使用与回用以及产品的废置与再生。针对五个阶段的环境因素识别原理，一种分析产品生命周期的简单做法是运用产品生命周期矩阵。矩阵纵栏为产品的各个生命阶段，其横栏是可能存在的环境影响，表格内填写每一阶段的环境因素。为了对产品实现过程的环境因素进行充分识别，表格纵栏产品生命阶段中各阶段可根据组织产品实际情况再进一步细化，以达到识别详细和环境因素描述明确、具体的目的。

通过生命周期矩阵分析，组织可以发现许多潜在的问题，如包装材料、原材料的浪费以及生产贮存、运输中的环境因素问题。这一方法的缺点是对生产现场

（过程）的分析不够详细，对组织的辅助设施也不能充分识别，因此，可结合过程分析法进行识别。

（三）专家评议法

由有关环保专家、咨询师、组织的管理者和技术人员组成专家评议小组，评议小组应具有环保经验、项目的环境影响综合知识，ISO 14000 标准和环境因素识别知识，并对评议组织的工艺流程十分熟悉，才能对环境因素准确而充分地识别。在进行环境因素识别时，评议小组采用过程分析的方法，在现场分别对过程片段的不同的时态、状态和不同的环境因素类型进行评议，集思广益。如果评议小组专业人员选择得当，识别就能做到快捷、准确。

第二节　环境因素的评价

一、基本概念

（一）环境风险

环境风险是由自然原因和人为原因引起的，通过环境介质传播，能对人类社会及自然环境产生破坏、损害乃至毁灭性作用等不幸事件发生的概率及其后果。环境风险广泛存在于人类的各种活动中，其性质和表现方式复杂多样，从不同角度可做不同划分。如按风险源划分，可以分为化学风险、物理风险以及自然灾害引发的风险；按承受风险的对象划分，可以分为人群风险、设施风险和生态风险等。

由于人类对环境风险并非无能为力，因此环境风险不能简单地看作是由事故释放的一种或多种危险性因素造成的后果，而应当看成是由产生—控制风险的所有因素所构成的系统。

一个环境风险系统包括以下几项内容：

（1）风险源。它指可能产生危害的源头，因为任何风险源都有正负面效应，问题是对相关的效益和风险的权衡与取舍。

（2）初级控制。它包括对风险源的控制设施及其维护、管理，使之良好运作等主要与人有关的因素。

（3）二级控制。它主要指对传播风险的自然条件的控制，美国环境保护署（EPA）在危险性排序系统中定义了五种污染物传播的途径，即地表水、地下水、空气流动、直接接触与燃烧/爆炸。

（4）目标。它包括人、敏感的物种和环境区域。

（二）环境风险评价

从广义上讲，环境风险评价（ERA）是指对人类的各种开发行为所引发的或面临的危害对人体健康、社会经济发展、生态系统等所造成的损失进行评估，并据此进行管理和决策的过程。而从狭义上讲，环境风险评价是指对有毒有害化学物质危害人体健康程度进行的概率估计，并提出减少环境风险的方案和对策。

环境风险评价包括三个紧密相连的步骤，即环境风险识别、环境风险预计以及环境风险评价与对策。

环境风险评价一般分为三类，即自然灾害环境风险评价、有毒有害化学品环境风险评价以及生产过程与建设项目的环境风险评价。

二、环境风险评价的基本原理

近年来，各类危险化学品燃烧、爆炸、泄漏等事故时有发生，造成人员伤亡、经济损失和环境污染。对具有潜在风险的建设项目开展环境风险评价是保障人类的健康安全和生态系统良性循环的需要。从历史性事例的分析可以看出，在项目建设以前，进行突发性事故可能发生的原因及其概率分析、事故发生后果危害的预测以及采取何种对策以便减少危害影响分析都是十分重要的。由于环境风险评价是对事故出现的概率及其后果进行预测及评价，所以它不同于常规的环境影响评价，它主要分析环境评价中不确定性的问题，即探讨环境潜在危险及防范措施。因此，将环境风险评价作为环境影响评价的补充是非常必要的，其意义在于通过风险识别找出事故隐患，通过风险分析和风险评价估计出事故产生的后果及发生的概率，为环境风险管理部门提供科学依据，以便在事故发生时，采取必要的防范与应急措施，使损失降低到最低程度。

环境风险评价的原则有以下几点：

（一）科学性

科学的任务是揭示事物发展的客观规律，探求客观真理；科学是人们改造世界和进一步认识世界的指南。开展环境风险评价，必须反映客观实际，遵循科学规律。一方面尽可能真实地辨识出系统中存在的所有危险因素，准确地评价环境风险程度；另一方面也要承受现有认识水平和技术水平的制约。因为有一些深潜的危险因素不易被发现，所以必须以科学的态度，坚持以最实用的方法和手段，紧跟生产技术的发展和生产、作业现场的变化，广泛发动岗位员工参与，持续改进地开展此项工作。

（二）系统性

危险因素存在于装置和作业活动的各个方面、各个阶段，只有对装置或作业活动进行详细解剖，研究系统与子系统的相互关系及各种危险因素间的关系，才能最大限度地辨识评价对象的所有危险因素，才能准确地确定危险因素对系统潜在影响的重要程度。

环境风险评价过程涉及人员、设备、物料、环境等各方面，评价时要结合评价对象的工艺和复杂程度及人员要素，选择适宜的方法。方法要因对象而定，简单实效，做出的结论要明确并符合预期的目的。

三、环境风险评价的标准

进行环境风险评价的相关标准如表 8-1、8-2、8-3、8-4 所示。

表 8-1　污染事故发生概率评价标准

概率排序	分类描述	每年发生的概率	
1	不可能发生	$<10^{-8}$	1 亿年内不会发生一次
2	几乎不可能发生	$10^{-8} - 10^{-5}$	1 亿年至 10 万年发生一次
3	极少发生	$10^{-5} - 10^{-3}$	10 万年至 1 000 年发生一次
4	可能发生	$10^{-3} - 0.1$	1 000 年至 10 年发生一次
5	或多或少发生	$0.1 - 10$	10 年发生 1 次至 1 年发生 10 次
6	经常发生	>10	每年发生 10 次以上

表 8-2　污染事故危害程度评价标准

危害程度排序	分类描述	健康和安全影响		环境影响
		原位	离位	
0	可忽略	无	无	无
1	很小	轻微损害	无	无
2	可接受	对工作有某种损害	不适	对空气和水有污染

（续上表）

危害程度排序	分类描述	健康和安全影响		环境影响
		原位	离位	
3	严重	持久性损害	住院治疗	对空气、水、土壤、生物有小的短期的损害
4	很严重	1人死亡小的伤害	局部地区空气污染	大的短期损害或小的长期损害，须采取修复措施
5	非常严重	多人死亡	大的伤害或死亡	生境损害和物种减少，对环境污染须采取清除或修复措施

表8-3　风险水平分类和需要采取的行动

风险排序	风险水平	行动与时间尺度
≤4	轻微的	对这种低水平的风险，无须采取行动和预警
5~8	可接受的	多数情况下不需要控制，有时可考虑采取可行的行动方案，但需跟踪监测，以保证能够控制风险水平不至于扩大
9~11	中等的	应该做出减少风险的行动，但预成本需要仔细测定，还应在一定时间范围内进行
12~14	较大的	需采取广泛行动和大量人力物力直到使风险减小到可接受的水平
≥15	重大	需采取大规模行动，直到风险减小到可接受的水平为止

表8-4　污染事故等级划分标准（辽政办〔2005〕74号）

事故等级	危害程度
特别重大（Ⅰ级）	（1）死亡>30人，中毒（重伤）>100人 （2）疏散转移人数>50 000人 （3）经济损失>1 000万元 （4）区域生态功能严重丧失，濒危物种生存环境严重污染 （5）正常经济、社会活动受到严重影响 （6）造成重要城市主要水源地取水中断 （7）危险化学品生产和贮存发生泄漏，严重影响生产、生活 （8）利用放射性物质，进行人为破坏或1、2类放射源失控

（续上表）

事故等级	危害程度
重大（Ⅱ级）	（1）死亡人数 <30 人，50 <中毒人数 <100 （2）区域生态功能部分丧失或濒危物种生存环境受到污染；当地经济、社会活动受到较大影响；10 000 <疏散转移人数 <50 000 （3）1、2 类放射源丢失、被盗或失控 （4）造成重要河流、湖泊、水库及沿海水域大面积污染，县级以上城镇水源地取水中断
较大（Ⅲ级）	（1）3 <死亡人数 <10，中毒（重伤）<50 人 （2）造成跨地级行政区域纠纷，使当地经济、社会活动受到影响 （3）3 类放射源丢失、被盗或失控
一般（Ⅳ级）	（1）死亡人数 <3 人 （2）造成跨县行政区域纠纷，引起一般群体性影响 （3）4、5 类放射源丢失、被盗或失控

四、环境风险评价的方法及选择

（一）化学品的环境风险评价

化学品的环境风险评价是对暴露与含该化学品的环境中的受体（人类个体、群体、生物群落和其他对象）的潜在危险进行评价。以毒理学为基础的危险化学品的风险评价和风险管理近年来研究较多，其核心是剂量、危险源和受体之间的暴露途径；因此，有效的风险管理，应关注于隔离或转移受体，隔断暴露途径或隔离（消除）危险源。

危险性化学品的环境风险的大小总是和暴露的条件密切相关。在一系列的暴露背景下，风险呈相应的概率分布。敏感受体、直接或短途径暴露于高危害源通常导致高风险，反之则呈现低风险。风险评价方法的选择，也就是要回答“在最终的风险表征中，什么水平的风险是可以接受的”。

环境风险评价的方法按定性、半定量和定量三个层次进行，分别完成风险的筛选、分级和估计。

1. 风险筛选——定性风险评价

定性分析评价的中心内容是定性分析危害源，暴露途径和受体的关联性，评价受体的敏感性，描述可能承受风险的情况和每个化学品的相对风险数量级。通过定性分析，可以筛选出主要的环境风险。

2. 风险分级——半定量风险评价

风险分级评价法是在定性风险评价矩阵基础上提高精度的一种半定量风险分析方法。它通过设定的评价标准，对评价矩阵中污染物、暴露途径和反应灵敏度等因子给予评分，根据计算所得的风险相对评分，进行风险分级。

3. 风险估计——定量风险评价

定量风险评价力图通过收集新的、特定地点的数据来减少上述两种评价中的不确定性因素，借助暴露和"剂量—反应"的数学模型进行模拟计算，把那些有很大不确定性的参数、风险加以数学定量化表征。因此，进行定量风险评价，必须收集详细的数据。然而实际工作中很少能够提供定量风险分析所需的详尽资料，所以只能对公众高度关心的风险问题或那些必须提供高准确度的风险分析的问题进行定量风险评价，而这类评价需要专家进行较长时间的研究才能完成。

（二）自然灾害和建设项目的环境风险评价

自然灾害和建设项目的风险评价的关键是造成影响的源项分析。源项的发生规律及其强度确定后，可以选用适当的环境污染物"迁移—转化"或灾害传播模型进行影响预测，然后再评价其影响。上述危险性化学品的风险评价方法和策略也可应用在建设项目的风险评价上。

五、环境风险评价程序

环境风险评价涉及系统的人员、设备、工艺、环境等各方面。正式开展评价前应根据评价对象和评价目的，由设计、工艺、设备、安全、生产项目负责人等技术管理人员组成一个相对稳定的评价小组，收集工艺、设备、原料、环境、历史事故等方面的足够材料，结合评价目的和评价时间，确定评价深度，划分评价单元，再由评价小组组织，发动岗位员工，依据如图 8 - 1 所示程序对每个评价单元正式展开评价。

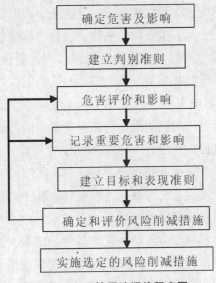

图 8 - 1　环境风险评价程序图

（一）确定危害及影响

这是辨识危险因素及预测潜在危害事件的过程。石化装置和作业现场危险因素种类繁多，存在的形式、阶段各异，同一系统内危险因素又相互联系。为确保辨识工作的准确和全面，首先应根据评价对象、评价目的、评价时间等确定适宜的辨识方法。实际上，很多方法同时包含了危险因素辨识和风险评价两个步骤，单独用来辨识危险因素的方法很少。

一般情况下，确定了辨识方法也就确定了下一步的风险评价方法。整个辨识过程要充分考虑评价对象的"三种时态"与"三种状态"，研究危险因素的相互关系并尽可能准确预测潜在的危害事件。一种危险因素可能存在于不同的状态和时态；在同一状态和时态中，也可能存在多种形式的危险因素相互发生作用，只有全面识别危险因素并掌握其相互关系才能准确预测潜在的危害事件。

（二）建立判别准则

所谓判别准则，就是判定各种行为、状态、参数是否符合规定标准的依据。其源于国家、地方政府及行业方面的职业安全卫生法律、法规、合同要求、国际公约及行业规程。不同的系统存在不同种类的危险因素，需选择不同的判别准则，以便准确、全面地识别危险因素。所以，一个准备建立体系的组织，应在建立体系的初期（即开展评价前），收集、清理适用于本组织的所有最新适用的法律、法规、标准或其他要求，建立和规范一个收集、获取渠道，便于取得这方面的最新信息。我国职业安全卫生方面的法律、法规、标准名目繁多，管理内容类似而发布时期或发布部门不同的标准和法规很多，需要认真梳理它们之间的关系，为深入开展风险评价做好准备。

（三）危害评价和影响

危害评价是评价所有已辨识的潜在危害事件发生的可能性和后果严重程度并确定其是否可承受的过程。一个系统往往面临多种风险，如火灾、爆炸、泄漏、各种人身伤亡事故等。对这一系列存在于系统内不同部位、不同状态的风险，需根据其风险程度，分轻重缓急进行削减。潜在危害事件发生的可能性由对危险因素进行控制的各种管理和技术措施、操作人员的意识、心理和生理素质、技能、工作频次决定。后果严重程度由危险因素的各种物理量（如质量、温度、压力、体积等）决定。对系统潜在的一系列风险评价后按规定的目标或准则进行排序，确定出可承受（一般）风险和不可承受（重大）风险。大多数评价方法实际上已给出了表达不同风险程度的定量或定性的值，企业可根据实际选定一个界限。这个界限应结合企业的实际，根据系统的风险控制水平，不断进行调整。

（四）记录重要危害和影响

记录重要危害和影响是指对已辨识出的危险因素、预测的危害事件、风险评价的结果及相应控制措施形成书面或电子文件的过程。建立体系的原则是"标准说到的要写到，写到的要做到，做到的要记到"。尤其对体系的核心工作，记录其结果是很必要的，以便于培训、交流和审核。记录可形成报告，也可形成台账。对于为体系建立而开展的风险评价所形成的记录要做到"横向对应"和"纵向对应"。"横向对应"即对每一个系统的每一个评价单元的危险因素、危害事件、风险等级、控制措施要详细说明，一一对应，简洁明了。"纵向对应"即装置和作业现场的风险评价记录与上级管理部门要对应，主要内容要保持一致。记录要随着系统工艺、设备、原料、环境的变化而及时变化，以便及时跟踪、识别、评价、控制新的危险因素和风险。

（五）建立目标和表现准则（指标）

建立目标和表现准则（指标）是对于所有不可承受风险或重大风险优先考虑制定削减目标的过程。对于组织来说，建立体系目标是一项重要且系统的工作。目标的内容和形式可以是灵活多变的，有些目标可能来源于风险评价结果，与风险控制直接相关；有些目标可能来自方针、法律和相关方要求等，与风险控制间接有关；有些目标可能是常规性目标，有些目标可能是动态的。体系目标应包括工艺、设备、生产、教育及传统安全目标等，它们和工厂的方针目标、专业目标、达标指标密切相关，而又不完全相同。必须理清四者的关系，尽可能融合并建立同一的制度，数据采集、考核、改进机制。体系目标尽可能以风险评价为基础，同时考虑方针、法律及相关方等多方面要求而制定，做到横向展开，纵向分解。

（六）确定和实施风险削减措施

确定和实施风险削减措施是对直接控制重大风险而设定的目标制定并实施控制和防范措施的过程。风险削减措施总体上可分为管理性措施和技术性措施。管理性措施包括培训、制定程序（制度、规程），技术性措施包括技术改造、设备维修、硬件配备等。制定削减措施的优先顺序是"消除→转移→隔离→控制→应急"。

第三节　企业环境管理制度解析

环境管理制度，通常又被称作"环境保护管理制度"或"环保管理制度"。与企业安全管理相类似，企业应该根据自身的特点，制定出具体且操作性强的环境管理制度。一个企业的环境管理制度主要是针对环境因素，比如典型的环境因素有废水、废气、固体废物、噪声以及资源的消耗等。企业环境管理制度可概括划分为环境综合性管理制度（或称"环境管理程序"）和环境操作规程两大类，前者是各种综合环境管理制度、章程、规定的总称，后者是各类环境操作规程、标准、工作指引、规范的总称。

一、企业环境管理制度

（一）环境综合性管理制度

环境综合性管理制度搭建了企业环境管理的整体框架，根据企业具体所涉及环境因素的特点，就环境因素管理控制的方方面面做出规范，包括职责、工作流程、管控方法等。一般企业的环境综合性管理制度，包括但不限于以下内容：

如环境总则/手册、环保责任制、环保奖惩、环保法规符合性、环境因素识别评价及管理、环境因素监测与测量、环境应急准备与响应、信息沟通、环保培训、环保检查、环保设备管理、事故/事件管理、承包方相关方环境管理、节能管理等规章制度。

（二）环境操作规程

在建立、健全环境综合性管理制度的同时，企业还必须建立、健全各项环境保护操作规程，主要针对以下两方面：

（1）涉及环境因素的操作，例如：

①废水、废气专门处理设施的操作规程。

②噪声控制规程。

③固体废物分类、收集及处理规程等。

（2）避免或减少生产作业/维修或其他活动带来的不良环境影响，例如：

①各种产品生产的工艺规程和环境技术规程。

②各生产岗位在制定安全操作规程的同时，还要制定环境操作规程以避免或减少生产作业过程带来的不良环境影响，包括开停车、出料、包装、倒换、转换、装卸、运载以及紧急事故处理等操作的环境操作方法。

③生产设备、装置的检修过程中的环境控制规程。

④项目施工或临时作业环境控制规程。

二、企业环境管理制度层次划分

与企业安全管理制度类似，企业环境管理制度也可概括划分为环境综合性管理制度和环境操作规程两大类，也可以说是两个层次。目前，许多国内企业通过实施 ISO 14001 环境管理体系来建立环境管理制度。在其体系下，环境管理制度通常被分为四个层次，即第一层次的"环境手册"，第二层次的"环境管理程序文件"，第三层次的"工作指引与操作规程"，第四层次的"记录"。

实际上，与前文所述安全管理体系相类似，第四层次记录是附属于相应的第二层次程序文件或第三层次操作规程的，而且可以把第一层次环境手册与第二层次环境管理程序文件归为一类，统一视为环境综合性管理制度；那么，从本质而言，上述两个层次和四个层次的划分是一致的，即企业环境管理制度整体上可划分为环境综合性管理制度和环境操作规程两个层次。

环境管理制度和环境操作规程的编写方式要求有着与安全管理制度和安全操作规程类似的要求。

三、企业常用环境综合性管理制度解析

（一）环境管理总则/手册

企业的环境管理总则/手册是对企业整个环境管理系统的总体性描述，它为其他具体的环境管理程序/制度的制定提供框架要求和原则规定，是企业开展与环境有关活动的纲领性文件，也是全体员工的环境行为准则。环境管理总则/手册中会阐述企业的环境管理方针、目标指标等，反映企业环境管理中需要去重点解决的问题，同时也反映出企业在环境管理方面的思路和理念。在环境管理总则/手册中还会明确企业中各层次、各部门和各岗位人员与环境保护相关的职责和权限，也会对企业的其他环境管理程序/制度做大致的说明和索引。所以环境管理总则/手册可用于对外部相关方（如政府、供应商或客户等）及社会公众的宣传并展示企业的环境管理工作绩效，做出承诺，并证实这一承诺的实现。

根据 ISO 14001 标准的要求，企业的环境管理总则/手册的内容需要覆盖标准的 17 个要素，并且达到四点的作用和功能：①要对环境管理体系的核心要素及其相互关系进行描述，以反映该企业整个环境管理体系的总体框架和思路；②要对组织的环境方针、重要环境因素以及目标、指标、管理方案等内容进行描述，以展示企业环境管理的总的原则意图以及要实现的总体目标和需要管理的重点环节；③要明确企业中各个层次不同部门和不同岗位的职责和权限，为体系的运行提供必需的保障；④要提供查询相关文件的途径。

而对于没有根据 ISO 14001 标准建立环境管理体系的企业来说，它们的环境管理总则/手册一般会包括但不限于以下的主体内容：

1. 环境方针

环境方针是传达企业最高管理者对持续改进和污染预防的承诺，是遵守环保法律法规的承诺，也是企业总的环境意图和原则的声明，并为企业整个环境管理系统的建立和实施提供指导和框架。企业的环境方针一般由企业的最高管理层制定并颁布，制定环境方针时应考虑以下方面：

（1）对法律、法规和组织应遵循的其他要求的承诺。

（2）对持续改进和污染预防的承诺。

（3）体现企业的价值观和经营管理思想。

（4）为建立和评审环境目标和指标提供框架，方针中的目标应是真实可信的，体现组织的真实要求和能力。

（5）应体现组织的活动、产品或服务的性质、规模和环境影响。

（6）考虑相关方的要求。

（7）应是提纲性的文件，文字上要简洁明了，易理解。

环境方针应通过各种途径（如培训、信息交流、广告、广播、板报、小册子等方式）传达给全体员工，并通过目标指标的制定、环境管理方案的实施以及运行控制使其得到贯彻实施。环境方针可通过网络、宣传册等为公众所获取，也可向对口的相关方（如当地环保行政管理部门、客户、供应商、承包商等）进行宣传。

2. 环保责任制（环境管理组织架构和职责）

环保责任制是将环境保护的职责落实到企业内的各个层次、各个部门和各个岗位上。本制度的目的也是让企业各层次的管理者或员工明确自己承担的环境责任和义务。所有员工应意识到履行环境职责、遵守环境方针及执行环境管理规章制度是他们工作的一部分，成功履行环境职责也应成为考核所有员工绩效的重要指标之一。

中小规模的企业可在环境管理手册中将企业环保相关的组织架构和职责完全明确化；大型的企业或集团可在手册中明确最高管理层、中级管理层两三层的机构及职责，或者概括阐述一下整个企业或集团的环保架构，而更细致和更详尽的机构和职责描述可以在一个独立的程序或制度中进行明确。

值得注意的是，环境管理应该是企业管理体系的有机组成部分，因此不应该将环境管理孤立于企业的整体管理之外，而应整合在企业的全面管理之中。企业应该在现存和有效的组织架构中赋予环境管理的功能，这样才能形成企业的环境保护组织架构和相对应的职责。当然，企业如果无环境管理的职能部门，则在建立环境管理体系时应该补充增加。一般来说，环保责任制（环境管理组织架构和职责）的描述应包括组织架构图（Organization Chart）以及各层次岗位的与环境保护相关的工作职责和范围描述。在确定工作职责和范围时，要注意避免由于职责划分不清带来的责任重复或者疏忽。

3. 企业总体的环保要求

在环境管理总则/手册里，这一章节内容概括叙述了企业中最重要的环境因素，以及与此相对应的一些主要的控制措施和手段，并为后面的具体环境程序/制度提供索引。

（二）环境因素识别与评价程序/制度

环境因素的识别与评价可以说是进行环境管理的基础和根本。所以，这个程序/制度的目的是指导企业人员识别其活动、产品或服务中能够控制以及施加影响的环境因素并判定哪些是对环境具有或可能具有重大影响的因素。一般来说，环境因素的识别和评价程序/制度中通常会包括如下内容：

（1）环境因素识别应考虑的因素，如识别的范围和对象（企业的各项活动、产品和服务）、时态（过去、现在和将来）、状态（正常、异常和紧急），以及环境因素的类别（如大气排放、水体排放、噪音污染、废物管理、土地污染、植被和自然生态破坏、原材料与自然资源的使用、能源消耗等），避免环境因素识别的遗漏。

（2）环境因素识别的方法。环境因素的识别方法有很多，如过程分析法、现场评审法、物料衡算法、产品生命周期分析法、问卷调查法、专家咨询法、现场观察和面谈、头脑风暴等。企业应根据自身资源及实际需求选择一两种方法合理使用并在程序/制度中对该种方法进行简单的解释和阐述。

（3）环境因素识别步骤。根据选用的识别方法确定识别的步骤并做简单描述，如过程分析方法的步骤：①划分和选择过程（可以是某个活动、某种产品或某项服务）；②根据选定过程的输入和输出确定该过程中存在的环境因素；③明确每个环境因素对应的环境影响。

（4）重要环境因素的评价依据，一般包括：①环境影响的规模、影响的严重程度、发生的频次、影响的持续时间、控制的情况等；②相关环境法律法规的要求；③企业的实际情况（如改变环境影响的技术难度、经济承受力等）；④相关方，如客户或周边居民的要求等。

（5）重要环境因素的评价方法和判定准则。评价方法一般有直接判断法、综合打分（评价因子）法和权重打分法等方法，企业可以结合一两种方法进行评价和判定，并在制度/程序中进行详细说明，如选用综合打分（评价因子）法，就需要对每个评价因子的定义和取值标准做清楚的界定，并对总评价公式和最后的判定标准做阐述。重要环境因素的评价是一项相当繁重但又十分重要的工作，因此设计并使用一套相对客观、科学和全面简便的方法是企业追求的目标。尽量避免评价方法中带有太多的主观性才能确保不同的人员使用同一套标准和方法对环境因素进行评价可以得到大致一样的结果。

（6）重要环境因素评价步骤及汇总。评价出来的重要环境因素应该汇总为企业的"重要环境因素清单"并由最高管理层进行确认。这个评价结果作为体系管理的主要对象，还需要传达给相关的管理层和员工，作为建立目标、指标、管理方案和相关环境保护程序/制度的依据。

(7) 环境因素的更新。环境因素的识别和评价不是一劳永逸的，需要企业根据内外部环境和情况的变化而进行更新，所以企业的环境因素识别与评价程序/制度需要明确企业会在哪些情况下重新进行环境因素的识别和评价。需要更新的情况一般有四种：①环境管理评审的要求；②企业的活动、产品或服务发生较大变化（如生产新产品、增加新设备、采用新工艺等）；③有关的环保法律法规和其他要求发生变化；④相关方提出的环保相关的抱怨（如周边居民的投诉）或合理要求（客户对产品提出的环保要求）。

(8) 环境因素排查表和环境因素评价表通常作为这个程序/制度的附件，以便为使用该程序进行环境因素识别和评价的人员提供一个便捷的工具或格式。

(三) 环境法规符合性制度

如果企业的行为不符合环境保护法律法规要求，那么一方面会对企业的运行甚至生存带来法律风险，另一方面也会让企业的商业关系变得紧张。而我国环保相关的法律法规及标准数量众多且庞杂，并且随着环保行政主管部门执法力度的日益加强，违法成本会越来越高，违法带来的风险也会越来越大。因此，企业符合现有的法律法规要求，并且具有远见地考虑它们未来的发展趋势，应该成为企业实施管理体系和制定目标指标及管理方案优先考虑的事项。而这个环保法律法规及其他要求的识别与获取程序/制度的目的就在于为企业活动、产品、服务中适用的环境法律法规及其他要求的收集、登记、识别、传达、保存、更新、复查等提供管理和控制的方法。本程序/制度通常包括以下内容：

(1) 环保法律法规及其他要求的范围，一般包括国际公约（如《蒙特利尔议定书》等），国家的法律法规、部门的条例、规章及标准等，地方性法规及地方政府规章，行业协议（如电子行业的 RoHS 要求等），其他相关方（来自客户、社区）的要求等。

(2) 环保法律法规及其他要求的获取途径：①与环境保护政府部门保持联络，从政府部门获取最新的环保法律法规信息；②从网络上搜索或下载相关法律法规及要求；③通过报纸、杂志、通信及法律法规工具书来获取；④通过中介机构、环境专业机构或相关咨询公司获取；⑤通过不定时向行业协会或是行业联盟等组织咨询获取；⑥通过集团、总部或上级公司传达；⑦其他渠道，如收听广播、观看电视等。

(3) 法律法规及其他要求的识别过程：企业需要在已经获取和收集的环保

法律法规和其他要求中识别出企业自身适用的要求或条款，并编制成相关的清单或文件。

（4）法律法规及其他要求的执行：企业在制定公司的环境目标指标时要参考适用的法律法规，而且相关的法律法规及其他要求必须转化为企业对应的管理制度或操作规程，并确保其得到贯彻执行。

（5）法律法规及其他要求的更新：企业需要在本程序/制度中明确对法律法规及其他要求进行跟踪，以确保它们的健全性和最新性，并且变更的法律法规及其他要求需要及时通知受此变更影响的部门和人员，必要时还需修改相应的管理制度和操作规程。

（6）法律法规及其他要求符合性的评价：企业应在制度中明确在一段时间内（通常一年）将适用的环境法律法规及其他要求与企业本时期内的环境相关的行为进行对比，从而确定企业目前的符合情况现状并将评审结论形成文件。在评价中发现的不符合方面需要制定相应的目标指标和管理方案以进行改善。

（四）环境信息的沟通制度

企业内外部环境信息沟通交流的及时和顺畅是确保整个环境管理体系健康运行的必要条件。环境信息的沟通程序/制度的目的就是建立企业内各职能部门以及企业与政府部门、外部相关方之间的环境管理信息的交流渠道及沟通方式，以确保环境信息的良好沟通。一般来说，环境信息的沟通程序/制度会包括以下内容：

1. 内部的信息交流

（1）内部环境信息交流的内容，一般包括但不限于五方面的内容：①企业识别出的重要环境因素以及适用于企业的环境法律法规及其他要求及其更新的内容；②企业的环境方针、目标、指标及环境管理方案等；③环保相关的职责和权限；④企业的环境事故；⑤公司内部各部门和个人对公司环境管理体系反映的问题。

（2）内部环境信息的传达方式，主要是指环境信息如何从上到下传递到基层员工。一般可以通过召开会议、粘贴布告栏、文件发放、电子邮件、内部网站上公开等方式进行内部环境信息的传达。

（3）内部信息的反映方式，主要是指员工对环境管理体系的反馈信息以及环保方面的意见和建议通过何种途径传达给企业的环境管理职能部门或者是企业的管理层。

2. 外部的信息交流

（1）信息的接收及处理，需要描述企业在接收到外部相关方（如周边居民、客户、政府部门）关于环境保护方面的投诉、查询或要求时，此类信息的接收途径、接收部门、记录要求以及跟进处理和处理后的答复。

（2）外部信息的传达，需要描述企业通过何种方式或途径以及由哪个职能部门负责向外部相关方（包括政府、社区、客户、承包商）等获取或传达相关的环境信息。

（五）供应商与承包商的环境管理制度

供应商与承包商作为企业可以施加影响的相关方，对它们的环境行为及环境绩效的关注也是企业环境管理中很重要的一部分内容，这也是传统的环境管理范畴向供应链上下游的延伸。目前大部分的跨国公司或品牌公司会要求自己的供应商，尤其是直接生产物料或原材料的供应商签署《行为责任准则》（Code of Conduct），在这个《行为责任准则》中，通常会包含企业对供应商提出的劳工、安全健康以及环境保护方面的一系列要求。企业通过定期的供应商环境绩效评估或审核促进和推动了供应商环境管理绩效的提升。供应商与承包商的环境管理程序/制度的主要目的也是明确企业对供应商及承包商的管理要求，并对其行为施加影响，旨在使其提供的产品或服务符合企业在环境保护方面的要求。

一般来说，除了直接物料或原材料的供应商以外，企业还需特别关注的与环境保护相关的供应商或承包商包括企业危险废弃物的处理商，化学品、油品供应商，食堂承包商，环境工程项目承包商，清洁服务承包商（尤其有杀虫服务的）以及其他装修、维修工程的承包商等。在《行为责任准则》的环保相关部分或者是在《供应商与承包商的环境管理程序/制度》中通常会包括以下内容：

1. 供应商及承包商的选择或资质认定

在选择产品或服务的供应商或承包商时除了考虑产品及服务的质量、价格之外，企业还应从一些环保相关的角度进行考量，如该供应商或承包商必须符合环保法律法规的要求，不存在超标排放等违法行为；该供应商或承包商还须具备一些与其业务相关的资质，如危化品供应商的危化品生产或经营资质、危险废物处理商的运营资质、环保工程项目的资质等。

2. 供应商及承包商的环境管理要求

它大致包括以下要求：

（1）某些特定供应商提供的产品必须符合环保方面的要求，如电子行业的

RoHS 要求，还有制衣行业的品牌公司也对他们的供应商提出产品中不能含有某些"化学品限制清单"中的物质，以及玩具行业的品牌也对供应商的产品提出类似要求。

（2）供应商自身的环境管理要求，如建立体系、配备人员、设立目标、建立相应的环境管理程序/制度等，确保重要的环境因素已经识别并受控。

（3）对于进入企业的工程承包商，还需要特别强调其在化学品的引入和使用、施工材料的运输和废弃、施工现场的粉尘和噪声的控制、废水废油的泄漏控制和处理排放以及紧急事故的应急和救援等方面需要注意的事项。

3. 供应商及承包商的定期评估

企业应建立供应商及承包商环境管理的定期审核或评估的机制，通过评估审核以及后续的跟进不断促进供应商和承包商的环境改善，提升它们的环境绩效。

（六）环境培训制度

环境培训的目的自然是增强员工的环境意识，提高他们的环境保护技能，最终保证环境管理体系的有效运行，实现环境保护的目标指标，达到企业环境绩效的提高。

与安全培训的程序/制度相类似，环境培训程序/制度通常会对以下内容做出说明和规范：

1. 培训需求的识别

不同职能、不同层次及不同岗位的人员会有不同的环境培训需求。企业中可以由各部门识别本部门的培训需求再到人力资源部汇总，也可由企业的环境管理职能部门统一识别后提交给人力资源部。企业的环境培训方向大概有以下几类：

（1）对全体员工的培训着重于提高总体的环境意识。

（2）对关键岗位员工（即其行为会对重要环境因素产生影响的员工）的培训要提高完成其各项任务所需的技能，并使其明确个人工作职责和重要性、工作好坏带来的效益和对环境造成的影响。

（3）对企业管理层的培训更多的是要提高他们对环境管理战略重要性的认识以及提高他们的环境管理方面的能力。

2. 制定培训方案

对内部开展的培训制定培训方案、准备培训教材等。

3. 开展培训

培训形式多样，可以针对不同的参与人员采取适当的培训形式。如对管理者和专业人员，可以采取专题讨论会的形式；而对于一般操作工人采取课堂培训及实地操作的形式等。总体原则是让受训人员最大限度地参与进来。除了常规的培训方式外，招贴画、公告栏、宣传册、企业内部刊物等也是培训及宣传的一种形式。

4. 培训效果评估

企业可考虑通过考试或提问或实操或获取证书等灵活的形式对培训效果进行评估。

（七）环境事故的应急准备与响应制度

企业中一旦发生环境事故或紧急情况，后果难以估计；而且与正常情况的环境污染相比，它所造成的环境影响往往更为集中，更为严重。因此，环境事故的应急准备与响应程序/制度的目的就是规定企业范围内对环境事故和环境突发事件的应急准备和响应方法，从而确保对此类事件实施预防和应急处置，尽可能降低对环境和人员的负面影响。而一些常规的安全事故如火灾、爆炸、泄漏等往往会造成环境的污染，这也属于环境事故的范畴。因此，企业通常将环境与健康安全的应急准备整合在一起，成为 EHS 应急准备与响应管理制度，它一般包括以下内容：

（1）应急组织机构、人员及其职责。

（2）紧急情况（危险源）辨识与风险分析。通常识别出来的环境事故或紧急状态主要包括火灾，危险化学品或油类的泄漏，各种可能的化学品或油类装置、管道、压力容器的爆炸以及环境处理设施的故障等。

（3）应急能力评估与物资装备保障。

（4）应急设备与设施。

（5）报警、通信联络方式，包括公司内部的联络方式及外部如医院等的联系方式。

（6）事故/紧急情况应急程序与行动方案。

（7）保护措施与程序。

（8）事故发生后的恢复程序。

（9）培训与演练。

（八）环境监测与测量制度

环境监测和测量属于戴明循环 PDCA 中的 C（Check）即检查的部分，也是企业掌握自身环境管理状况的重要手段。环境监测与测量程序/制度的主要目的是对可能具有重大环境影响的运行的关键特性进行监测和测量的程序和方法做出规定，以确保环境管理体系的运行没有偏离预先设定的轨道。一般来说，这个程序/制度会包含以下内容：

1. 监测和测量的对象

监测和测量的对象也就是所谓的关键特性，通常包括：

（1）环境管理体系运行操作控制状况。

①废水、废气、噪声、固体废物等污染物排放状况。

②水、电、燃料、原材料等主要资源能源的消耗状况。

③危险化学品的使用及存放状况。

④消防设施的应急准备状况及主要设施的维护保养状况。

⑤涉及重大环境因素的关键岗位的运作状况。

（2）环境目标、指标的达成状况。

（3）环境保护法律法规的符合性。

2. 监测和测量的实施

企业可在制度/程序中指明各个监测对象的监测项目、监测方法和监测周期。当然，对不同的监测对象要采取不一样的监测方法和监测周期。关于污染源的监测，具备条件的企业可以自行监测，也可委托有资质的第三方监测。当然，当地环境监测站也会根据污染源的重要程度安排检查性的监测。而对资源消耗的监测，一般是通过统计数据进行监测和汇报；危化品的使用和消防设施的维护保养状况需要通过一些现场检查的方法进行监测，而一些关键岗位的运作可以结合仪器仪表的监测、统计数据的收集和现场检查的方法进行监测。

3. 监测仪器和应急设备的检测

监测使用的设备仪器应该得到校准和良好维护，这样才能保证监测结果的可靠性。监测使用的方法也应该符合国家有关监测方法的规定。在这个程序/制度中还可规定仪器校准的频率和方法。

4. 监测结果的处理

监测的目的是发现问题，改善环境管理体系。因此，监测结果本身并不能反映问题所在，而要对监测的结果进行评估，如果发现不符合或者偏离，需要及时提出纠正和预防措施并实施。

（九）新项目的环境评估制度

对引入新产品、新工艺、新设备或任何其他的"新、扩、改"工程项目等可能产生的环境影响进行事先评估，并采取相应措施将其对环境的影响程度降低。这个新项目的环境评估程序/制度在企业中通常会合并到"变更管理程序"中。一般来说，这个程序/制度主要是对引进新项目的环境评估步骤做出规定，一般的步骤如下：

1. 新项目的申请

对可能会带来环境影响的新产品、新工艺、新设备或其他"新、扩、改"工程项目，由项目的发起部门通过填写申报表的形式将该项新项目的主要信息填报并提交给企业的环保职能部门或者是企业专门成立的新项目评估小组（变更管理小组）等。

2. 新项目的评估

企业的环保职能部门或新项目评估小组根据相关信息对新项目可能产生的环境影响做出充分的评估，如新产品的原辅材料是否有毒有害，新的工艺是否考虑了资源能源的循环利用，新设备是否存在新的环境污染隐患，新项目建设过程会否带来新的环境污染等等。企业根据评估结果还需考虑并提出相应的控制措施，最后得出评估结论。对一些会带来显著环境影响而又因为经济技术的原因暂时无法控制或有效降低其环境影响的项目，企业应考虑暂停引进。

3. 向政府部门申报

对一些产生环境影响的新项目，需要向当地环境保护行政主管部门进行申报，并跟进项目的进程，按照政府部门要求先后实施环境影响评价、"三同时"制度、污染物排放的申报、排污许可证的办理等。

四、企业环境操作规程解析

环境操作规程，又叫"环境作业指导文件"，是侧重于操作性岗位或某一局部活动的规定，是对环境管理程序文件的展开、补充和细化。有时候一个程序文件可由若干个作业文件来支持，其目的是指导具体的岗位，特别是重要环境工作岗位的实际操作，使环境因素得到有效控制。环境作业指导文件包括技术规范、各种管理规定、标准和方法、工艺流程图表、技术说明等，内容与形式多种多样，但根据其作用大致可分为两大类：①规范涉及环境因素的操作；②避免减少生产作业/维修或其他活动中带来的不良环境影响。企业可根据自身实际情况制定。

（一）规范涉及环境因素操作的规程

1. 操作规程

这一类环境操作规程，包括污染物的管理与控制规程（如废水、废气、噪声、固体废物的管理与控制规程）和资源能源的管理规程等。污染物的管理与控制规程通常会包括以下内容：

（1）识别并列举企业内该环境要素的所有污染源及主要污染物，如废水处理规程中应首先列举企业内产生废水污染的活动、产品或流程，包括废水产生的部门、车间、工序以及该种类的废水含有的主要污染物名称。

（2）针对各种污染源制定相应的控制规定和管理办法。例如，对生活污水的污染，可以通过修建三级化粪池，并按规定的时间间隔对化粪池进行抽粪处理，而且对出水进行定期的监测等控制和管理手段确保其达标排放。对于生产废水或废气的控制，很可能会涉及工艺工程或生产过程的某些控制要求，可以在此操作规程中一一列举和做出规定，也可将这方面的要求整合到这些工艺和生产过程的整体操作规程中。还有一些专门的污染控制装置（如废水或废气的治理装置），它们的操作要领和要求也可成为污染源环保操作规程的一部分或者独立成文，成为适用于操作工人的污染源治理设施的专门的操作规程。

（3）污染源的监测与控制。提出各污染源的监测周期，制定监测计划，确保这些污染源达标排放。

2. 管理规程

关于资源能源的管理规程，能耗大户或者资源消耗相当大的企业可能会将此规程上升到程序/制度层次，而一般的中小型企业，他们的资源能源管理规程一般可能包括以下内容：

（1）明确各个部门在节能方面的职责。

（2）列举企业内能耗最大或资源消耗较大的工艺流程并列出一些具体的管理办法。例如，节水管理，可以从采购节水设备、定期检修水管减少跑冒滴漏情况、培养员工良好习惯等反面进行控制；用电管理，则可考虑空调开启的控制、减少设备待机、采购能效高的设备、采用绿色照明等等；燃料的使用方面，可以包括通过工艺改造提高燃料的燃烧效率、传热管道设备的保温层的安装和维护减少热能损失、蒸汽管道维护减少跑冒滴漏，也可以考虑使用一些新型节能的设备工艺替代原有工艺，如用空气源热泵替代柴油锅炉来烧制热水等。

（3）资源能源的监测与统计。资源能源的消耗需要进行定期的统计与汇报，通过数据的汇总和分析才能衡量和了解节能的进展或差距，从而制定更切合实际的目标和措施，推动节能活动的持续进行。

（4）能源资源管理的奖惩制度等。能源资源的节约很大程度上有赖于企业的全员参与，因此制定奖惩措施也是鼓励员工参与的重要手段。

（二）避免活动不良环境影响的规程

该类规程用于避免或减少生产作业/维修或其他活动中带来的不良环境影响，如产品生产过程中的环境技术规程，生产岗位的环境操作规程，生产设备、装置检修过程中的环境控制规程，以及项目施工或临时作业时的环境控制规程等，它们的适用对象就是具体操作的岗位工人，所以要求尽量言简意赅，一般将操作过程及注意事项罗列成具体条文即可。为了避免文件过多或互相重复给操作工人带来困扰，目前常用的做法是将操作过程中的安全健康要求、环保要求以及品质方面的要求等整合在一起，成为一份全面的操作指南或标准操作程序 SOP（Standard Operation Program），将每个操作步骤详细列出，并描述在操作步骤中需要关注的安全健康和环保问题，有的还可附上实操的图片，以使整个操作规程显得非常直观且简单易懂。

第三编　环境管理与可持续发展

第九章　低碳经济

第一节　全球气候变化与人类生存危机

自 21 世纪以来，全球各种自然灾害频繁发生，如 2003 年席卷欧洲的热浪、2004 年袭击东南亚的大海啸、2005 年突袭美国新奥尔良市的卡特里娜飓风，以及 2008 年初发生在我国南方的特大雨雪冰冻灾害。从 1998 年到 2006 年，自然灾害发生的频率每年增加 7%，这些灾害所造成的人员伤亡和经济损失不断增加。在一些发展中国家，灾害损失甚至超过国民生产总值的 3%。2009 年，全球共发生 245 起一定规模的自然灾害，其中 90% 以上与气候变化有关。这些气候灾害一共对全球 5 500 万人造成影响，带来 150 亿美元的经济损失。而各国大气的温室气体排放量的问题，则可能引起国际冲突。

全球变暖对于一些国家的影响甚至是毁灭性的。有专家预言，气候变化和冰川融化将导致海平面在 21 世纪末上升 1 米。这一变化或许将会使那些栖息在海上的岛国从地球上匿迹，成为永远"消失的国度"。太平洋中西部岛国基里巴斯、印度洋中部南亚岛国马尔代夫、西太平洋上的群岛国家图瓦卢、西南太平洋上的斐济都已经表示，气候变暖导致的海平面上升已经令他们的国家岌岌可危，请求国际社会的援助。此外，根据英国研究机构"未来趋势中心"的预测，到 2020 年，澳大利亚的大堡礁、美国佛罗里达州的湿地、希腊的雅典、克罗地亚的达尔马提亚海岸、意大利的托卡斯和阿马尔菲海岸，都可能受到气候变暖的严重威胁，不再适宜接待大批游客甚至人类居住。

气候变化已经由区域问题演变为全球问题，正在给全人类的生存带来严峻挑战。除了极端气候灾害，人类生存威胁还包括山脉变高、物种收缩和消亡、卫星飞行速度加快、遗址变成废墟以及更多的疾病。正如恩格斯所说："不要过分陶醉于我们人类对自然界的胜利。对于每一次这样的胜利，自然界都对我们进行报复。每一次胜利，起初确实取得了我们预期的结果，但是往后和再往后发生完全不同的、出乎预料的影响，常常把最初的结果又消除了。"

温室气体是气候变化的元凶，人类活动在其中扮演了重要角色。为了满足自身需求，人类不断向大自然索取，不断给地球加温。古希腊哲人亚里士多德早在两千三百多年以前就曾经指出："人类的贪婪是不能满足的。"科技的进步和工业化大生产大大刺激了人类贪婪的欲望。人的需要已经从"基本需要"演变成"欲望需要"，也就是说，人所重视和追求的不仅是物质对象的实际功能和使用价值，而且包括其可以完成人的"自我表达"以及"身份认同"的符号意义和象征意义。正是由于这种象征意义，形成了一股永无止境的、激发人类欲望膨胀的魔力。

满足需要的消费和满足欲望的消费是截然不同的。需要是有限的，而欲望是无限的。人的消费心理和价值观在不断膨胀的欲望中逐渐异化，这在很大程度上应该归因于生产力高度发达的工业文明。自 20 世纪中叶起，特别是市场经济日渐成熟以后，生产效率的不断提高带来了产能的明显"过剩"。为了维持资本的继续增值，实现经济持续增长的目的，消费演变成刺激经济活动的可怕生产力，"不消费就等于衰退"成为共识，如何刺激消费进而扩大生产成为社会的主要问题，由此形成了消费主义浪潮。此后，这场由西方发达国家主导的运动又以全球化的方式蔓延和渗透到世界的每一个角落。市场经济借助着现代传媒手段，特别是电视、广告、互联网的力量，将无限消费主义理念广泛传播并使之深入人心。人类对自身的真实需求日渐模糊和淡化，形成了一个个无法填满的欲望"黑洞"。

在这种背景下，企业不仅为利润而制造产品，还必须为利润而创造需求。这种需求已经不是源于人的本质需求，而是人类内心深处的贪欲和外部的市场共同制造出来的。在消费主义理念和物质享受价值观支配下的人们，是不可能正确对待和保护大自然的，也不会顾及他人的利益，更不会顾及子孙后代的生存权利。无限膨胀的物欲带来的必然是道德的沦丧、人性的迷失和生存环境的不断恶化。消费问题开始演变成为资源问题、环境问题乃至社会问题。高消费意味着高消耗和高排放。当无休止的消费活动影响到大自然的平衡时，人类就必须为此付出沉痛的代价。我们在用金钱为物质享受买单的同时，也在用自己的健康为消费掉的环境买单。

工业文明将人类带入了"征服"自然的时代，整个生态史的发展，就是人类社会远离自然、控制自然，进而违背自然的选择过程。可以说，正是由于人类对物质需求的无限贪欲，才令工业文明走上了一条不归路。在工业革命之前漫长的人类发展历史中，大气中二氧化碳的浓度大致稳定在 270～290 ppm，但工业革命打破了这一平衡。目前，地球大气中二氧化碳的含量比两百年前增加了33％，而这两百多年正是欧洲和北美工业革命后，人们开始大量消耗能源和使用化石燃料的"高碳时代"。

2007 年，联合国政府间气候变化专门委员会（IPCC）的第四次评估报告给出了惊人的结论和预言：

在 1906—2005 年的一百年时间里，全球地表平均温度升高了 0.74 ℃，2005年全球大气二氧化碳浓度达到 379 ppm，为 65 万年以来的最高值。

未来一百年，全球地表还将升温 1.6～6.4 ℃，要将全球变暖遏制在曾经预言的 2 ℃ 的"可容忍的"气候变暖的上限，"已经非常不可能"。

人类活动在全球气候变暖中的"贡献"得到进一步肯定。通过数值模拟和归因技术证明，最近五十年来，全球平均温度的升高，很可能是由于人为温室气体浓度增加所导致的。

需要强调的是，化石能源的储量是有限的，我们对它的依赖终究会结束。目前，世界能源消耗量仍以年均5％的速度增长，全部化石能源的储量估计也只够维持一两百年的时间。因此，我们必须转变发展方式，从"高碳"转向"低碳"，以我们的切实行动去持续改善气候和保护环境，推动人类文明迈向一个低碳发展的新纪元。

第二节　低碳经济的含义及其发展

低碳可以简单理解为"生产或消费活动消耗较少的碳基能源并排放较少的温室气体"；当净排放的温室气体为零，则成为"零碳"或者"碳中和"。

低碳经济是一种全新的经济模式和生活方式。与传统的发展方式相比，它注重发展和应用新技术，尤其是利用降低碳排放技术来降低经济活动中化石能源的消耗和温室气体排放，具体表现为低碳能源供给（单位能源的碳基率下降）、低碳生产（单位 GDP、单位能源的碳排放降低）以及低碳消费（人均消费的碳排放下降）。

"低碳经济"这种提法最早见诸政府文件是在 2003 年的英国能源白皮书《我们能源的未来：创建低碳经济》上，作为第一次工业革命的先驱和资源并不丰富的岛国，英国充分意识到了能源安全和气候变化的威胁，它正从自给自足的能源供应走向主要依靠进口的时代，按目前的消费模式，预计 2020 年英国 80%的能源都必须进口，同时，气候变化的影响已经迫在眉睫。这一概念逐渐得到了世界范围内的认可。目前，越来越多的国家意识到低碳经济是世界未来经济的发展趋势，并将其作为国家未来发展战略的重要内容加以谋划。

低碳经济有两个基本点：其一，它包括生产、交换、分配、消费在内的社会再生产全过程的经济活动低碳化，把二氧化碳（CO_2）排放量尽可能减少到最低限度乃至零排放，以获得最大的生态经济效益；其二，它包括生产、交换、分配、消费在内的社会再生产全过程的能源消费生态化，形成低碳能源和无碳能源的国民经济体系，以保证生态经济社会有机整体的清洁发展、绿色发展、可持续发展。在一定意义上说，发展低碳经济就能够减少二氧化碳排放量，延缓气候变暖，这样才能保护人类共同的家园。

低碳经济概念的形成与发展大概经历了以下的重要事件：

1992 年，《联合国气候变化框架公约》（United Nations Framework Convention on Climate Change，简称"UNFCCC"）签署。

1997 年日本京都，《京都议定书》签署。人类历史上第一次规定了量化的温室气体减排目标：主要发达国家在 2008—2012 年，温室气体的排放量在 1990 年的基础上至少减少 5.2%。

2003 年，英国能源白皮书《我们能源的未来：创建低碳经济》首次提出了"低碳经济"的概念。

2006 年，前世界银行首席经济学家尼古拉斯·斯特恩牵头做出的《斯特恩报告》指出，全球以每年 GDP 1%的投入，可以避免将来每年 GDP 5% ~20%的损失，呼吁全球向低碳经济转型。

2006 年底，科技部、中国气象局、国家发展和改革委、国家环保总局等六部委联合发布了我国第一部《气候变化国家评估报告》。

2007 年 6 月，中国正式发布了《中国应对气候变化国家方案》。

2007 年初，河北省保定市政府提出了"太阳能之城"的概念，计划在整座城市中大规模应用以太阳能为主的可再生能源，以降低碳排放量。

2007 年 7 月，美国参议院提出了《低碳经济法案》，表明低碳经济的发展道路有望成为美国未来的重要战略选择。

2007年7月，温家宝总理在两天时间里先后主持召开国家应对气候变化及节能减排工作领导小组第一次会议和国务院会议，研究部署应对气候变化工作，组织落实节能减排工作。

2007年9月8日，中国国家主席胡锦涛在亚太经合组织（APEC）第十五次领导人会议上，本着对人类、对未来高度负责的态度，对事关中国人民、亚太地区人民乃至全世界人民福祉的大事，郑重提出了四项建议，明确主张"发展低碳经济"，令世人瞩目。同月，国家科学技术部部长万钢在2007中国科协年会上呼吁大力发展低碳经济。

2007年12月3日，联合国气候变化大会在印尼巴厘岛举行，15日正式通过一项决议，决定在2009年前就应对气候变化问题的新的安排举行谈判，制定了世人关注的应对气候变化的"巴厘岛路线图"。该"路线图"为2009年前应对气候变化谈判的关键议题确立了明确议程，要求发达国家在2020年前将温室气体减排25%～40%。"巴厘岛路线图"为全球进一步迈向低碳经济起到了积极的作用，具有里程碑的意义。

2007年12月26日，国务院新闻办发表《中国的能源状况与政策》白皮书，着重提出能源多元化发展，并将可再生能源发展正式列为国家能源发展战略的重要组成部分，而不再以煤炭为主。联合国环境规划署（UNEP）确定2008年"世界环境日"（6月5日）的主题为"转变传统观念，推行低碳经济"。

2008年1月28日，世界自然基金会（WWF）正式启动"中国低碳城市发展项目"，以期推动城市发展模式的转型，保定和上海是中国首批入选的两个试点城市。根据WWF和保定签订的《合作备忘录》，在"新能源产业带动城市低碳发展"的原则下，双方的合作重点将集中在新能源产业及低碳经济发展方面先进理念和经验的引入、保定市成功经验的国内外推广和保定市新能源产业发展的能力建设上。WWF将通过项目促进保定可再生能源及能效产品的出口和应用，对项目进行国内外宣传和推广，并为项目提供部分资金支持；保定市政府则将为项目提供相应的配套资金和人力、物力，以确保项目顺利实施。

2008年6月27日，胡锦涛总书记在中央政治局集体学习上强调，必须以对中华民族和全人类长远发展高度负责的精神，充分认识应对气候变化的重要性和紧迫性，坚定不移地走可持续发展道路，采取更加有力的政策措施，全面加强应对气候变化能力建设，为我国和全球可持续发展事业进行不懈努力。

2008 年 7 月，日本北海道 G8 峰会上八国表示将寻求与《联合国气候变化框架公约》的其他签约方一道共同达成到 2050 年将全球温室气体排放减少 50% 的长期目标。

2008 年"两会"召开，全国政协委员吴晓青明确将"低碳经济"提到议题上来。他认为，中国能否在未来几十年里走到世界发展的前列，很大程度上取决于中国应对低碳经济发展调整的能力，中国必须尽快采取行动积极应对这种严峻的挑战。他建议应尽快发展低碳经济，并着手开展技术攻关和试点研究。

2009 年 1 月，清华大学在国内率先正式成立低碳经济研究院，重点围绕低碳经济、政策及战略开展系统和深入的研究，为中国及全球经济和社会可持续发展出谋划策。

2009 年 6 月，中国社会科学院在北京发布的《城市蓝皮书：中国城市发展报告（NO. 2）》指出，在全球气候变化的大背景下，发展低碳经济正在成为各级部门决策者的共识。节能减排，促进低碳经济发展，既是救治全球气候变暖的关键性方案，也是践行科学发展观的重要手段。

2009 年 9 月，胡锦涛主席在联合国气候变化峰会上承诺，"中国将进一步把应对气候变化纳入经济社会发展规划，并继续采取强有力的措施。一是加强节能、提高能效工作，争取到 2020 年单位国内生产总值二氧化碳排放量比 2005 年有显著下降；二是大力发展可再生能源和核能，争取到 2020 年非化石能源占一次能源消费比重达到 15% 左右；三是大力增加森林碳汇，争取到 2020 年森林面积比 2005 年增加 4 000 万公顷，森林蓄积量比 2005 年增加 13 亿／立方米；四是大力发展绿色经济，积极发展低碳经济和循环经济，研发和推广气候友好技术。"

2010 年 3 月，生态环保、可持续发展成为"两会"的主题，全国政协的"一号提案"内容就是关于低碳环保的。温家宝总理的政府工作报告在谈到"今年要重点抓好八个方面工作"时指出，国际金融危机正在催生新的科技革命和产业革命。发展战略性新兴产业，抢占经济科技制高点，决定国家的未来，必须抓住机遇，明确重点，有所作为。要大力发展新能源、新材料、节能环保、生物医药、信息网络和高端制造产业。

2011 年 3 月，《中华人民共和国国民经济和社会发展第十二个五年规划纲要》发布，其中第一篇的第二章提到："坚持把建设资源节约型、环境友好型社会作为加快转变经济发展方式的重要着力点。深入贯彻节约资源和保护环境基本国策，节约能源，降低温室气体排放强度，发展循环经济，推广低碳技术，积极应对全球气候变化，促进经济社会发展与人口资源环境相协调，走可持续发展之路。"

第三节　低碳经济的理论基础

在传统的工业化道路上，也就是在大量使用化石燃料、无限排放二氧化碳的高碳经济模式下，发达国家的经济已经成熟，没有新的增长点。因此，欧盟认为，低碳不再是限制经济增长的阻碍因素，而是机会，是发达国家重新获得国际竞争力并领先于发展中国家的机会。

许多国家把应对气候变化和发展本国经济看作是"二者择一"的关系，认为应对气候变化会阻碍本国经济的发展，扼杀本国的产业，并且会降低自己的国际竞争力；工业革命的发源地英国和欧盟则坚持把应对气候变化看作是向低碳经济转型的机会。在他们看来，温室气体的减排与经济的持续发展并不矛盾。

在向低碳经济转型方面，欧洲堪称典范。欧盟的低碳经济转型战略的理论基础是在 2006 年发表的《气候变化的经济学》。该学术报告是英国首相与财政大臣委托世界银行前高级副总裁尼古拉斯·斯特恩爵士写成的，所以又称《斯特恩报告》。《斯特恩报告》形成了欧盟从发展低碳经济的战略高度采取应对气候变化行动的政策基础。

《斯特恩报告》面对气候变化这一严峻的现实时指出，气候变化必定会阻碍经济发展。如果坐视气候变化不管的话，21 世纪末或 22 世纪初，人类社会的经济与社会将面临引发大规模混乱的危险，这个危险的规模将远远超过两次世界大战和 20 世纪上半叶的世界性大恐慌。因此，气候变化是一个对经济学来说前所未有的巨大挑战。该报告从长期发展战略的大视野展望环境与经济的关系，大胆地指出，积极应对气候变化问题终将会促进经济的发展，要保全人类赖以生存的地球社会，就必须向低碳经济转型。

第四节　低碳经济的政策体系

目前，主要发达国家以及部分新型经济体根据本国的实际情况，各自制定了符合本国国情的低碳经济政策。下表中列举了一些国家的低碳经济政策：

表 9 - 1　盘点各国的低碳经济政策

国家	政策概括	政策主要内容
英国	绿色能源、绿色生活和绿色制造	(1) 到 2050 年，将英国的温室气体排放量削减 60%，并于 2020 年取得实质性的进展 (2) 保持能源供应的稳定和可靠 (3) 促进国内外竞争性市场的形成，协助提高可持续的经济增长率并提高劳动生产率 (4) 确保每个家庭以合理的价格获得充分的能源服务 (5) 统计并公布商品生命周期中的温室气体排放等
德国	气候保护高科技战略	(1) 强调生态工业政策应成为德国经济的指导方针 (2) 增加政府对环保技术创新的投资，并通过各种政策措施，鼓励私人投资 (3) 确定重点研究领域 (4) 立法制订气候保护和节能减排的具体目标和时间表
法国	发展核能和可再生能源	(1) 发展生物质能、风能、地热能、太阳能以及水能等可再生能源以及核能 (2) 研发清洁能源汽车等
美国	立法与新技术研发	(1) 立法并寻求一个综合、平衡和对环保有利的能源安全长期战略 (2) 发展清洁煤技术 (3) 发展碳捕集与封存技术
日本	建设低碳社会	(1) 实行削减温室气体排放等措施，强化日本绿色经济 (2) 支援节能家电的环保点数制度，通过日常的消费行为固定为社会主流意识，集中展示绿色经济的社会影响力
澳大利亚	立法加入《京都议定书》，发展可再生能源	(1) 成立专门的政府部门，设立可再生能源专项资金，研究热能技术升级和太阳能开发应用 (2) 立法加入《京都议定书》 (3) 实施"碳捕集与封存"计划 (4) 设立减排计划目标，推动全球减排

(续上表)

国家	政策概括	政策主要内容
巴西	生物燃料技术	（1）通过设置配额、补贴、行政干预等手段，鼓励民众使用乙醇燃料 （2）制订乙醇燃料生产计划等
韩国	低碳、绿色经济振兴战略	（1）实施绿色增长国家战略，投资发展低碳经济 （2）鼓励民众使用太阳能 （3）在国内实施碳交易等

随着全球变暖与能源资源日渐枯竭，许多国家都制定了低碳经济发展战略，以此作为世界新一轮产业竞争、技术竞争、经济增长竞争的关键。"他山之石，可以攻玉"，我国也积极借鉴国外经验，明确提出低碳经济的发展战略，逐步建立我国低碳经济的政策框架。

2009 年 9 月，胡锦涛主席在联合国气候变化峰会上做出了承诺，争取到 2020 年国内生产总值二氧化碳排放量比 2005 年有显著下降。随后，国务院总理温家宝在哥本哈根会议上提出了我国的具体减排目标：到 2020 年单位国内生产总值二氧化碳排放比 2005 年减少 $40\% \sim 45\%$。2010 年中，国家发展和改革委决定首先在广东、湖北、辽宁、陕西、云南五省和天津、重庆、杭州、厦门、深圳、贵阳、南昌、保定八市开展低碳试点工作。低碳试点"五省八市"随后出台了一系列地方政策，正式启动试点工作。"五省八市"的试点工作将为我国今后的低碳发展积累宝贵的经验。

第五节　中国发展低碳经济面临的机遇与挑战

以低碳经济为核心的产业革命来临，将为中国未来的发展带来难得的机遇。

2009 年哥本哈根气候变化会议的召开，以低能耗、低污染、低排放为基础的经济模式——"低碳经济"呈现在世界人民面前，发展"低碳经济"已成为世界各国的共识，倡导低碳消费也已成为世界人民新的生活方式。

世界各发达经济体都把发展低碳经济，把发展新能源、新的汽车动力、清洁能源、生物产业等作为走出国际金融危机的新的增长点。美国总统奥巴马上任之后就在美国国内积极推动气候立法，美国众议院通过了《清洁能源安全法案》（ACES）。欧盟提出在 2013 年前投资 1 050 亿欧元，用于环保项目和相关就业，支持欧盟区的绿色产业，保持其在绿色技术领域的世界领先地位。英国在 2009 年 7 月公布的低碳转型规划中，明确提出企业要最大限度地抓住低碳经济这一发展机遇，在经济转型中确保总体经济资源和利益的公平分配；日本则制定了"最优生产、最优消费、最少废弃"的经济发展战略。

由此不难看出，低碳经济将逐步成为全球意识形态和国际主流价值观，它以独特的优势和巨大的市场成为世界经济发展的热点。一场以低碳经济为核心的产业革命已经出现，低碳经济不但是未来世界经济发展结构的大方向，更已成为全球经济新的支柱之一，也是我国能否占据世界经济竞争制高点的关键。

随着我国经济实力的迅速提高，对世界经济的影响明显增强，越来越多的目光投向中国，国际社会要求中国承担"大国责任"的呼声日盛。我国在低碳经济时代的大国责任，重点体现在减排与发展低碳产业方面。

这充分反映出中国作为一个发展中大国的国际责任。作为能源消耗和生产大国，这无疑为我国未来的发展敲定了经济的发展方向——低碳经济。

除了产业的转型升级以外，低碳经济也为开展碳金融业务提供了难得的历史机遇，这是一个潜力巨大的市场。支持低碳经济发展和开展碳金融业务已成为国内外银行新的业务增长点。以清洁发展机制（Clean Development Mechanism，简称"CDM"）为代表的"碳交易"、"碳融资"已经成为国家和企业获得额外的外汇收益的重要来源。根据国家发展和改革委员会应对气候变化司公布的数据，截至 2011 年 2 月 25 日，我国共批准了 2 941 个清洁发展机制项目，而其中，截至 2011 年 3 月 24 日，在联合国清洁发展机制执行理事会注册成功的中国项目有 1 241 个，占东道国注册项目总数的 43.82%；这些项目预计产生的二氧化碳年减排量共计 287 280 189 吨，占东道国注册项目预计年减排总量的 63.18%。而到 2011 年 3 月 11 日止，已经获得签发减排量的项目有 416 个，涉及的减排量共计 309 129 616 吨二氧化碳当量，占东道国 CDM 项目签发总量的 55.04%。中国已经成为世界第一大减排额度供应国。按照每吨二氧化碳当量的减排量能获得 10 美元计算，我国已累计获得超过 30 亿美元的减排量收益，这给国内的减排项目带来极大的信心。与此同时，由 CDM 所带动的咨询中介行业也逐步发展壮大，创造了大量的就业机会。

除了国际上的碳交易以外，我国国内也在积极探索"碳交易"以及"碳市场"的建设。2008 年，北京、天津、上海等地相继成立了"环境交易所"。凭借着北京奥运会、上海世博会的召开这样的黄金机会，国内的交易所开展了一系列自愿碳减排交易，推出了具有中国特色的碳交易标准。其中，上海环境能源交易所累计实现的项目挂牌金额到 2011 年 4 月已经突破了百亿元。2010 年，我国确定了"低碳发展五省八市"试点，其中就包括了碳交易和碳市场建设的探索。此外，包括农业银行、光大银行、兴业银行等在内的各大银行已经开展了碳信用交易融资项目，为具有低碳发展潜力、能产生减排量的项目提供方便、快捷的贷款等。尤值得一提的是，光大银行还聘请了国内最大、最权威的认证机构（中国质量认证中心）为其核算温室气体排放量，并根据核算结果，在交易所购买了相应的减排量，实现碳中和（即温室气体零排放）。以上种种说明，碳金融业务在我国将获得越来越多的发展机会。

按照中国国际经济合作学会常务副主任杨金贵的看法：

在我国，由于低碳技术涉及电力、交通、建筑、冶金、化工、石化等部门以及可再生能源及新能源、煤的清洁高效利用、油气资源和煤层气的勘探开发、二氧化碳捕获与埋存等领域，所以它几乎涵盖了 GDP 的支柱产业。而我国正处于工业化、城市化、现代化快速发展阶段，重化工业发展迅速，大规模基础设施建设不可能停止，能源需求的快速增长也一时难以改变。

因此，能源结构的调整、产业结构的调整以及技术的革新将成为未来一段时间我国经济发展的重点问题。国家也势必将出台一系列扶植政策，来继续加快淘汰落后产能，遏制高耗能及高排放行业，推动重点领域节能减排，同时逐步在税收、财政等方面加大对低碳经济的支持力度。

在即将出台的战略性新兴产业振兴规划中，资源能耗低也是关键的选择条件，目前国家已经将新能源、节能环保、电动汽车、新材料、新医药、生物育种和信息产业作为未来的战略性产业，给予重点扶持。企业需要做好一切准备迎接这一变化，将低碳经济纳入战略规划。

做好低碳经济规划在未来将关乎企业的生死存亡，企业如果期望在此次转型契机中获得先机，就必须从现在开始重新审视自己的定位和发展战略。

发展低碳经济是企业义不容辞的责任，也将给企业带来巨大的商机和广阔的发展前景。根据汇丰（HSBC）的一项研究显示，2008 年，全球气候变化行业中的上市企业（包括可再生能源发电、核能、能源管理、水处理和垃圾处理企业）的营业总额达到了 5 340 亿美元，超过了 5 300 亿美元的航天与国防业的营业总额。

尽管全球出现了经济衰退，但低碳行业 2008 年的收入仍大幅增长了 75%。这一增长速度更超过了《斯特恩报告》（Stern Review）中的预测。这份里程碑式的报告预测到 2050 年时，低碳商品和服务行业的年收入将达 5 000 亿美元。

在《2009 年胡润低碳财富榜》上，低碳榜上榜人数达 20 人，低碳经济的财富效应已经显现。

企业在发展低碳经济、应对气候变化中扮演着极其重要的角色，发挥着不同于政府和民众的作用。低碳技术涉及电力、交通、建筑、冶金、化工、石化等多个行业，包括可再生能源及新能源、煤的清洁高效利用、油气资源和煤层气的勘探开发、二氧化碳捕获与埋存等领域开发的有效控制温室气体排放的新技术。企业应关注国家气候方面的政策，并在"低碳经济"方面进行战略性投资。要大量应用减少排放的技术，同时跟踪国际制度、国内政策的发展，并对可能制定的制度超前部署。

气候变化和经济危机为中国的跨越式发展提供了难得的契机，我国将通过转变增长方式、调整产业结构、落实节能减排目标，在发展和低碳中找到最佳的平衡点。2010 年，在中国低碳经济之路上，企业需未雨绸缪，积极准备，以迎接未来更大的挑战。

在低碳产业方面，欧美发达国家大力推进以高能效、低排放为核心的"低碳革命"，着力发展"低碳技术"，并对产业、能源、技术、贸易等政策进行重大调整，以抢占先机和产业制高点。低碳经济的争夺战，已在全球悄然打响。这对中国的企业来说，是压力，也是挑战，同时还是机遇。

挑战之一：工业化、城市化、现代化快速推进的中国，正处在能源需求快速增长阶段，大规模基础设施建设不可能停止；长期贫穷落后的中国，以全面小康为追求，致力于改善和提高 13 亿人民的生活水平和生活质量，带来能源消费的持续增长。"高碳"特征突出的"发展排放"，成为中国可持续发展的一大制约。怎样才能既确保人民生活水平不断提升，又不重复西方发达国家以牺牲环境为代价谋发展的老路，是中国必须面对的难题。

挑战之二："富煤、少气、缺油"的资源条件，决定了中国能源结构以煤为主，低碳能源资源的选择有限。在电力中，水电占比只有 20% 左右，火电占比在77%以上，"高碳"占绝对的统治地位。据计算，每燃烧1吨煤炭会产生约4.12吨的二氧化碳气体，比石油和天然气每吨多30%和70%，而据估算，未来20年中国能源部门电力投资将达1.8万亿美元。其中，火电的大规模发展对环境的威胁，不可忽视。

挑战之三：中国经济的主体是第二产业，这决定了能源消费的主要部门是工业，而工业生产技术水平落后，又加重了中国经济的高碳特征。资料显示，1993—2005年，中国工业能源消费年均增长5.8%，工业能源消费占能源消费总量约70%。采掘、钢铁、建材水泥、电力等高耗能工业行业，2005年能源消费量占了工业能源消费的64.4%。调整经济结构，提升工业生产技术和能源利用水平，是一个重大课题。

挑战之四：作为发展中国家，中国经济由"高碳"向"低碳"转变的最大制约，是整体科技水平落后和技术研发能力有限。尽管《联合国气候变化框架公约》规定，发达国家有义务向发展中国家提供技术转让，但实际情况与之相去甚远，中国不得不主要依靠商业渠道引进。据估计，以2006年的GDP计算，中国由高碳经济向低碳经济转变，年需资金250亿美元。这样一个巨额投入，显然是尚不富裕的发展中的中国的沉重负担。

第十章　碳计量

第一节　气候变化的影响

一、气候变化及其对企业的影响

（一）气候变化概述

《联合国气候变化框架公约》对"气候变化"的定义是指"除在类似时期内所观测的气候的自然变异之外，由于直接或间接的人类活动改变了地球大气的组成而造成的气候变化"。

根据联合国政府间气候变化专门委员会（IPCC）第四次评估报告，在 20 世纪，全球平均接近地面的大气层温度上升了 0.74 ℃，而其中大部分升温发生在 1970 年以后。根据世界自然基金会的资料，人类排放的二氧化碳是地球变暖的主要原因。在 2000 年至 2050 年之间，人类可能最多只能再向大气排放 1 万亿吨二氧化碳。

当前，在世界的很多地方，气候变得越来越难以捉摸。全球变暖提高了酷热、飓风、水涝、干旱等极端天气出现的频率。而气候变化导致的海平面上升也将严重影响到沿海地区人们的生活。

2007 年最新公布的评估报告梗概（IPCC，2007）明确指出，"全球气候变暖已是不争事实"，已有观测结果证实了全球大气和海洋平均温度的升高、冰雪的消融和海平面的上升等问题。报告警告，人类一些污染行为甚至将造成"突然且无法逆转的恶果"，如南北两极冰层消融、海平面突涨数米等。同时，报告还指出，全球气温 21 世纪可能上升 1.1 ~ 6.4 ℃，海平面上升 18 ~ 59cm。如果气温上升幅度超过 1.5 ℃，全球 20% ~ 30% 的动植物物种面临灭绝。如果气温上升 3.5 ℃以上，40% ~ 70% 的物种将面临灭绝。

（二）气候变化对企业的影响

联合国环境规划署（UNEP）在其发布的《气候变化中的适应性和脆弱性：

金融业的作用》中指出，气候变化导致的极端天气状况造成的经济损失，每隔十二年就要增加一倍。今后三四十年间，干旱、风暴、洪水等造成的损失将达每年 1 万亿美元。

《2010 年中国气候公报》指出，2010 年，我国气象灾害属于 21 世纪以来最为严重的年份，气象灾害及次生灾害造成直接经济损失超过 5 000 亿元，因灾死亡 4 800 多人，直接经济损失和死亡人数均为近十年来最多。

在气候变化造成的所有损失中，企业首当其冲，下图是气候变化结果的逻辑分析：

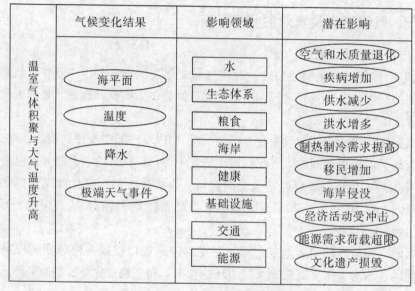

图 10 - 1　气候变化的结果及影响

可见，气候变化影响十分广泛，识别和评估气候变化及其后果对企业的影响显得尤为重要。下图是直接暴露于气候变化环境下，可能受影响的行业的敏感性及其适应成本。

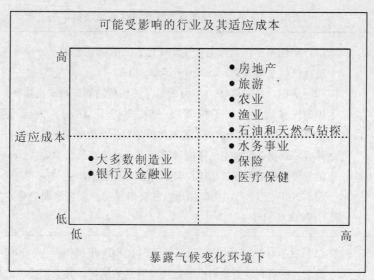

图 10 - 2　行业敏感性及其适用成本　　　　　　资料来源：KPMG

二、气候变化的政策影响

　　1992 年 5 月 9 日，在各方努力及多轮谈判下，达成了《联合国气候变化框架公约》这一历史性的联合国保护气候的法律文件。1997 年 12 月，在京都召开的《联合国气候变化框架公约》第三次缔约方会议上，通过了《京都议定书》，并于 2005 年 2 月生效，还确定了帮助各国完成减排目标的弹性机制，其中包括清洁发展机制（Clean Development Mechanism，CDM）。《京都议定书》第一承诺期为 2008 年至 2012 年，确保承诺期内温室气体的排放总量（以二氧化碳当量计）比 1990 年的水平至少减少 5%。

　　近年，随着 2009 年 12 月和 2010 年 12 月丹麦哥本哈根以及墨西哥坎昆联合国气候变化大会的召开，再加上世界各国都在关于气候变化的政策上不断做出调整。

表 10 - 1　各国气候变化与温室气体减排政策

气候变化 立法	(1) 英国是世界上为应对气候变化立法的第一个国家，2008 年 11 月通过《气候变化法案》（Climate Change Act） (2) 美国众议院 2009 年 6 月通过《美国清洁能源与安全法案》，表明美国的气候政策迈出了积极的一步。2009 年 12 月，美国环境保护署（EPA）宣布其调查表明温室气体排放对公众健康和自然环境有害，这意味着二氧化碳等温室气体应属于美国《清洁空气法案》（Clean Air Act）的管理和控制范围，法律要求必须采取减排行动 (3) 2010 年 11 月，美国加利福尼亚州气候立法在中期选举中胜出，将于 2012 年启动
碳交易市场 机制发展 与兴起	(1) 欧盟排放交易体系（EU - ETS），2005 年运作至今；2012 年 1 月 1 日起，所有在欧盟境内机场起飞或降落的航班，其全程排放的二氧化碳都将纳入该体系 (2) 美国《西部气候倡议》（West Climate Initiative，WCI） (3) 美国东部十洲"区域温室气体减排行动"（RGGI）于 2009 年 1 月启动；日本、韩国、澳大利亚和新西兰等国也尝试建立碳交易市场
碳关税	(1) 2009 年 11 月，法国国内征收碳税议案得到通过。法国政府之后表示，希望将其发展成为针对欧盟以外国家的"碳关税" (2) 2009 年 6 月底，美国国会讨论通过《清洁能源与安全法案》，其中一条规定，从 2020 年起将对不接受污染物减排标准的国家实行贸易制裁，征收关税，即所谓"碳关税" (3) 2010 年 1 月 15—17 日，欧盟召开 2010 年气候政策听证会，该听证会对采纳欧盟重要智囊机构提出的碳关税设想做出讨论

注：此表部分内容引自《气候变化与中国企业》报告

　　与此同时，我国中央及地方也制定了相应的应对气候变化和温室气体减排对策。2007 年中国发布了《中国应对气候变化国家方案》，制定了相应的指导思想、原则与目标以及政策和措施，开启了中国的气候变化政策进程。其中2009—2011 年国家的主要政策动向包括：

表 10 - 2　我国应对气候变化和温室气体减排政策动向

时间	主要内容
2009 年 11 月	国务院研究决定，到 2020 年我国单位国内生产总值二氧化碳排放量比 2005 年下降 40% ~ 45%，并将二氧化碳排放量作为约束性指标纳入国民经济和社会发展中长期规划，并制定相应的国内统计、监测、考核办法
2010 年 7 月	国家发改委发布《国家发展改革委关于开展低碳省区和低碳城市试点工作的通知》，确定"五省八市"低碳试点
2011 年 1 月	国家发改委已经启动国家应对气候变化规划，作为一项"十二五"重要的国家级专项规划，落实 2020 年控制温室气体排放行动目标

　　上述国内外政策法规的出台与调整，不仅可以对企业生产经营的外部环境造成影响，也直接关系到企业的经营成本、产品营销、经营模式等。

　　例如，针对美国征收"碳关税"的经济模型预测：出口方面，若征收 30 美元/吨碳的关税，将会使得我国对美国出口下降近 1.7%，当关税上升为 60 美元/吨碳时，下降幅度增加 2.6% 以上；进口方面，若征收 30 美元/吨碳的关税，将会使得我国对美国进口下降 1.57%，当关税上升为 60 美元/吨碳时，下降幅度增加 2.59%。（刘小川，上海财经大学）

　　与此同时，公众消费者的气候变化意识不断提高以及商业价值链的风险意识不断加强，这对企业经营的影响日益显现。

　　因此，通过碳计量，准确掌握企业温室气体信息，借以评估企业面临的气候变化风险，同时为企业设立温室气体减排目标和制定相应的策略提供依据，显得尤为重要。

第二节　碳计量的价值

一、碳计量的概念（亦称"碳核算"或"碳盘查"）

　　碳计量是指以政府、企业等组织为单位，计算其某一时间段内，在运营和生产活动中各环节直接或者间接排放的温室气体，也称"编制温室气体排放清单"（GHG Inventory）。广义的碳计量还包括温室气体减排项目的减排量计量和产品生命周期温室气体排放计量。

二、碳计量的商业价值

随着气候变化从国际谈判逐渐进入了商业部门的视野，温室气体信息披露已经受到越来越多的投资者、国际品牌商、消费者重视，一些著名品牌和厂商已经开始行动甚至联合起来，在其组织内部或外部供应链上实施和推动碳管理。投资机构也已着手委托各种评估机构对其投资的产业进行温室气体风险评估。商业部门的碳管理水平已经成为商业价值链上的重要指标，其中碳计量的实施及其实施水平也就代表了企业的气候变化风险管理和碳管理水平。归纳起来，碳计量可在以下四个方面实现其商业价值：

（一）满足客户需求

已有越来越多的国际品牌商及采购商，将温室气体管理纳入公司的采购标准和供应商考核标准。同时，消费者也越来越关注产品产生的气候变化影响。

（二）提高投资者的信心

资本市场已将温室气体资产或负债作为一个考核指标，企业尤其是上市公司正面临更高的温室气体信息披露要求。上市公司将温室气体信息及管理绩效纳入企业年报或社会责任报告，可增强投资者信心。

（三）降低融资成本

金融机构的绿色信贷，面向主动采取行动进行节能减排的企业；上市企业的融资，必须符合企业日益严格的气候变化政策和环境保护法律法规要求。温室气体管控有助于降低企业融资成本。

（四）落实减排，降低成本，获取潜在收益

碳计量实施有助于跟踪企业排放，找出节能减排的环节和空间并实施减排措施，同时降低运营成本。碳计量除了获得早期的减排承认，还能为参与碳交易、获取潜在经济收益奠定能力基础。

三、碳计量在 EHS 工作中的价值

对日常的环境健康安全管理来说，碳计量是环境管理的延展性工作，在气候变化应对和温室气体控制日益受到重视的趋势下，碳计量的实施将使 EHS 工作价值得到延伸。

首先，碳计量的实施有助于丰富 EHS 的管理内容，并与企业的宏观管理以及气候变化政策风险管理一致。

其次，碳计量的有效实施能为企业温室气体减排的目标设定提供完善的数据依据，同时也是评估气候变化风险和制定应对气候变化政策战略的基础依据。

最后，碳计量是跟踪企业节能减排措施成效的评估工具，碳计量结果亦可作为检验 EHS 中环境管理的一个衡量指标，同时以企业社会责任报告等形式深化其价值。

第三节　主要的温室气体标准

温室气体标准的制定过程与国际气候变化谈判和温室气体控制的进程有密切的关系，1997 年《京都议定书》签订并于 2005 年正式生效，同时，2005 年欧盟温室气体"总量控制与贸易体系"（EU – ETS）正式启动，开启了碳交易的大门，温室气体标准的开发进入快速发展时期。目前，在国际上，政府、企业和非政府组织等独立或共同发起开发的众多温室气体标准在不同的领域得到广泛运用。根据标准的适用范围差异，我们可以将现有的温室气体标准划分为三个层次，即项目层次标准、组织层次标准和产品层次标准。

一、项目层次标准

项目层次标准主要运用于规范温室气体减排项目（如风电、水电、太阳能等可再生能源项目、能效提高和燃料替换项目、农业沼气利用项目、造林与再造林项目等）的量化报告、审定与核查等过程，是减排项目开发和减排量交易的基础性规范或指导文件。

项目层次标准一般附属于既定的温室气体计划（GHG Program），如联合国清洁发展机制（Clean Development Mechanism，CDM）、美国《西部气候倡议》（West Climate Initiative，WCI）。以下是国际上常见的自愿碳市场标准：

表 10 – 3　常见的自愿碳市场标准

标准	标准开发方
清洁发展机制 Clean Development Mechanism（CDM）	联合国
黄金标准 Gold Standard（GS）	非政府组织

（续上表）

标准	标准开发方
自愿碳标准 Voluntary Carbon Standard 2007（VCS 2007）	IETA 国际排放交易协会等
VER +	TüV SüD 等
自愿抵消标准 The Voluntary Offset Standard（VOS）	金融行业和碳市场部门
芝加哥气候交易所标准 Chicago Climate Exchange（CCX）	碳市场部门等
气候、社区及生物多样性项目设计标准 The Climate，Community & Biodiversity Standards（CCBS）	非政府组织和大型企业
生存计划方案 Plan Vivo System	环境和社会类非政府组织
温室气体议定书项目量化准则 The GHG Protocol for Project Accounting	非营利组织
ISO 14064 – 2	国际标准化组织（ISO）
熊猫标准 Panda Standard	碳市场部门和非营利组织

　　以上碳市场标准并非相互严格独立，在开发过程经常取长补短，也常有联合使用的情况，以突出减排项目的环境效益或社会效益，提升项目价值。项目层次标准依托于减排交易，每种标准都会对项目类型、位置、规模、额外性、环境社会影响等因素进行约束，但由于项目开发周期长、成本高，很少在实际中使用。目前，我国企业以参与 CDM 为主，截至 2011 年 3 月 1 日，国家发改委批准的 CDM 项目达 2 888 个，在联合国成功注册 1 241 个，我国是全球最大的减排量（CERS）出口国，占全球总量近 60%。

二、组织层次标准

　　组织层次标准是指适用于组织层面核算和报告温室气体的规范和指南性文件。组织层次标准是当前企业使用率最高的标准，首先是标准的发展较为成熟，其次是标准的适用性强、使用成本低。常用的组织层次标准如下：

表 10 - 4　常用的组织层次标准

标准	标准开发方
《温室气体议定书企业核算与报告准则》 A Corporate Accounting and Reporting Standard	世界资源研究所（WRI）、世界可持续工商理事会（WBCSD）
ISO 14064—1：2006 《温室气体—第一部分：组织层次上对温室气体排放和清除的量化和报告的规范及指南》 Greenhouse Gases — Part 1：Specification with Guidance at the Organization Level for Quantification and Reporting of Greenhouse Gas Emissions and Removals	国际标准化组织（ISO）

　　企业对气候变化及温室气体问题最为敏感，同时也是最主要的经济组织，因此组织层次标准在企业中运用最为广泛，也最为成熟。

　　事实上，2006 年出版的 ISO 14064—1 标准与 2004 年出版的《温室气体议定书企业核算与报告准则》是协调一致的，互补性较强。ISO 14064—1 和 ISO 14064—3 共同详述了进行温室气体核算和核查时所需做的各项工作，这些要求是全球一致的；而《温室气体议定书企业核算与报告准则》不仅概述了核算的规范和要求，还阐述了如何开展，但未对核查做出任何规范。世界资源研究所（WRI）、世界可持续工商理事会（WBCSD）和国际标准化组织（ISO）鼓励企业、政府和其他各方将这些标准作为互补性工具使用。

三、产品层次标准

　　产品层次标准适用于评估产品生命周期（LCA，包括原料生产，产品制造、运输、销售、使用和废弃处置等）的部分或全部的温室气体（GHG）排放。现有以及仍处于开发阶段的重要标准如下：

表 10 - 5　重要的产品层次标准

标准	标准开发方
PAS 2050《商品和服务在生命周期内的温室气体排放评价规范》 Specification for the Assessment of the Life Cycle Greenhouse Gas Emissions of Goods and Services	英国标准协会（BSI）等
《产品生命周期核算与报告标准》 Product Life Cycle Accounting and Reporting Standard	世界资源研究所（WRI）、世界可持续工商理事会（WBCSD）
ISO 14067—1 产品碳足迹：量化 Carbon Footprint of Products—Part 1：Quantification ISO 14067—2 产品碳足迹：声明 Carbon Footprint of Products—Part 2：Communication	国际标准化组织（ISO）

　　PAS 2050《商品和服务在生命周期内的温室气体排放评价规范》由英国标准协会（British Standards Institution，BSI）在 2008 年 10 月 29 日发布。为了更好地帮助企业使用 PAS 2050，碳信托、英国标准协会和英国环境、食品与农村事务处也共同发布了《〈PAS 2050〉使用指南》。

　　至截稿为止，上述标准中现行的仅 PAS 2050。世界资源研究所（WRI）和世界可持续发展工商理事会（WBCSD）组成的温室气体议定书倡议组织（The Greenhouse Gas Protocol Initiative），还有国际标准化组织（ISO）目前正在着手开发的产品碳足迹标准都沿用 PAS 2050 的成果，同时 PAS 2050 的应用经验也给这些新标准的开发和演化带来一定的影响。

　　由于产品层次标准尚未成熟，多处于研究开发阶段，而评估体系也较为复杂，实施成本较高，因此在实际运用中使用率并不高。与此同时，我国缺乏必要的基础原材料数据，这是目前标准运用的最大难题，因此鲜有使用案例。

四、概述

除上述项目层次标准的"熊猫标准"外，我国尚无其他针对温室气体核算的标准。考虑当前标准的使用成本和实用性，本章将重点对企业层次标准进行介绍。

五、温室气体议定书及其企业核算与报告准则

由于标准开发和运用时间早，《温室气体议定书企业核算与报告准则》是国际上应用最广泛的温室气体核算工具（标准），它可以帮助企业了解、量化和管理温室气体排放。该准则（标准）隶属于《温室气体议定书》（The Greenhouse Gas Protocol），该议定书是由世界资源研究所（WRI）和世界可持续工商理事会（WBCSD）联合发起的，倡议行动于1998年启动，宗旨是制定国际认可的企业温室气体（GHG）核算与报告准则并推广其采纳范围。《温室气体议定书》的标准几乎为世界上每一个温室气体标准和计划提供了基础性支持，从国际标准化组织（International Organization for Standardization，ISO）到气候注册处（如美国碳注册处ACR、芝加哥气候交易所CCX等），还有很多独立企业完成的温室气体清单。

《温室气体议定书企业准则》为制作温室气体盘查清册的公司提供准则和指导，包括《京都议定书》规定的六种温室气体的核算与报告——二氧化碳（CO_2）、甲烷（CH_4）、氧化亚氮（N_2O）、氢氟碳化物（HFCs）、全氟化碳（PFCs）和六氟化硫（SF_6）。准则和指导是本着下列目标设计的：

（1）帮助公司运用标准方法和原则制作反映其真实排放账户的温室气体盘查清册。

（2）简化温室气体盘查清册和降低其编制费用。

（3）为企业提供信息，用于制定管理和减少温室气体排放的有效策略。

（4）帮助提供参与自愿性和强制性温室气体计划的信息。

（5）提高不同公司和温室气体计划之间温室气体核算与报告的一致性和透明度。

作为《温室气体议定书企业核算与报告准则》的辅助，温室气体议定书倡议组织（The Greenhouse Gas Protocol Initiative）与国际铝业协会、国际森林纸业协会、WBSCD水泥可持续倡议组织等产业团体合作，共同制定了具体行业的辅

助工具，还开发了跨行业的计算工具。

2006 年，国际标准化组织（ISO）采纳了《温室气体议定书企业核算与报告准则》作为 ISO 14064—1《温室气体—第一部分：组织层次上对温室气体排放和清除的量化和报告的规范及指南》的基础，这个里程碑突出了《温室气体议定书》的企业标准在组织核算标准中的地位。而由 CorporateRegister. com 发布的《2007 年世界 500 强企业气候信息报告》显示，63％的企业使用《温室气体议定书》（GHG Protocol）。

六、国际标准化组织温室气体系列标准

1993 年 ISO/TC 207 开始制定 ISO 14001 标准；1996 年《联合国气候变化框架公约》（UNFCCC）与国际标准化组织（ISO）开始协商，ISO 14001 正式公告；2002 年欧盟 15 国集体批准加入《京都议定书》。同年，ISO/TC 207 成立，WG5 开始制定 ISO 14064；2005 年 2 月 16 日《京都议定书》正式生效，同年欧盟交易体系正式推动；2006 年 3 月 1 日正式公告 ISO 14064：2006。

负责制定 ISO 14000 系列标准的 ISO 207 技术委员会，在制定 ISO 14064 系列标准后，随即着手制定一份编号为 ISO 14065，目的是用来认证执行实体（包括组织和设施）温室气体排放报告核证及减排项目审定的审核机构的能力与资格。ISO 14064 及 ISO 14065 可用于温室气体核证或核查第三方机构宣告其执行审定或核查活动的能力，或者提供给温室气体项目业主、行政单位、认证方作为约束第三方机构的准则，各标准编号、名称如表 10 - 6 所示。ISO/TC207 第五工作小组（WG5）负责召集制定的 ISO 14064 系列标准的关系，如图 10 - 3 所示，包括组织层次（organization-level）排放和清除的量化和报告的规范及指南，项目层次（project-level）减排或清除增加的量化、监测和报告的规范及指南，以及针对前两者的审定（validation）和核查（verification）规范及指南等。至于 ISO 14065 是针对审核机构的认证（accreditation）标准，由 TC207/WG6 负责制定。

表 10 - 6　国际标准化组织（ISO）温室气体相关标准

编号	标准名称
ISO 14064—1	《温室气体—第一部分：组织层次上对温室气体排放和清除的量化和报告的规范及指南》
ISO 14064—2	《温室气体—第二部分：项目层次上对温室气体减排或清除增加的量化、监测和报告的规范及指南》
ISO 14064—3	《温室气体—第三部分：温室气体声明审定与核查的规范及指南》
ISO 14065	《温室气体—对认可机构或其他评定机构的要求》
ISO 14066	《温室气体—温室气体审定员与核查员的能力要求事项》
ISO 14067	产品碳足迹

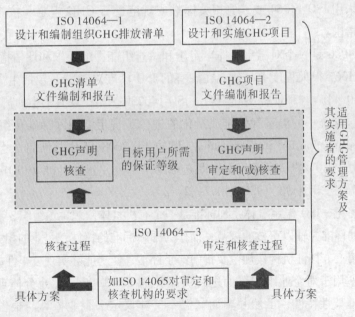

图 10 - 3　ISO 14064 系列标准的关系图（ISO，2006）

ISO 14064 第一部分（以下简称"本标准"）详细规定了在组织（包括企业）层次上 GHG 清单的设计、制定、管理和报告的原则和要求，包括确定 GHG

排放边界、量化GHG的排放和清除以及识别公司改善GHG管理具体措施或活动等方面的要求。此外，本标准还包括对清单的质量管理、报告、内部审核、组织在核查活动中的职责等方面的要求和指导。

ISO 14064第二部分针对专门用来减少GHG排放或增加GHG清除的项目（或基于项目的活动）。它包括确定项目的基准线情景及对照基准线情景进行监测、量化和报告的原则和要求，并提供进行GHG项目审定和核查的基础。

ISO 14064第三部分详细规定了GHG排放清单核查及GHG项目审定或核查的原则和要求，说明了GHG的审定和核查过程，并规定了其具体内容，如审定或核查的计划、评价程序以及对组织或项目的GHG声明评估等。组织或独立机构可根据该标准对GHG声明进行审定或核查。

ISO 14065是一个对使用ISO 14064或其他相关标准或技术规范从事温室效应气体用于认证的审定和核查的机构规范及指南，所以是对ISO 14064的补充，在ISO 14064为政府和组织提供能够测量和监控温室气体（GHG）的减排要求的同时，为采用ISO 14064或其他相关标准或规范进行GHG审定和核查的机构提供规范及指南。

ISO 14066是一个对温室气体审定组和核查组能力的要求和评估指南。

ISO 14067很大程度上是建立在现有的ISO标准之上的，包括生命周期评价（ISO 14040/44）与环境标签和声明（ISO 14025），相比现有的生命周期（LCA）标准，它包含统一的温室气体排放量化的进一步规定。国际标准化组织（International Organization for Standardization，ISO）于2008年6月波哥大会员国大会后，宣布由TC207/SC7负责产品碳足迹的第一部分"量化标准（ISO14067—1）"和第二部分"声明标准（ISO 14067—2）"。

综上可见，ISO温室气体系列标准是一个有机整体，包含了组织、项目、产品三个层次的标准并辅以审核的规范；而作为国际标准的特性，企业的相关温室气体声明可由第三方核证机构按规范及指南给予评估，使之能够实现公正性的宣告。

其中适用于对企业组织层面进行碳核算的ISO 14064—1充分体现了全球通用标准的框架性特性，虽然并非如《温室气体议定书企业核算与报告准则》有具体的核算指引，但与ISO 14064—1配套的ISO温室气体系列标准则最大限度地吸收了ISO 14001对环境管理的要求，使其较为系统而又能实现兼容。

第四节 企业层面碳计量的实施方法

一、企业层面碳计量的实施流程

碳计量实施是企业自愿实施的一项环境范畴的统计工作，目前尚无法律法规或者国家标准对企业温室气体排放统计进行规范。碳计量能力建设水平、企业组织架构复杂程度、核算的范围与精度、工艺或排放源的复杂程度、部门间的协调能力等因素都会影响碳计量的实施，因此碳计量的实施可根据企业的实际情况选择性地开展，并不断完善。下图是碳计量实施的基本流程：

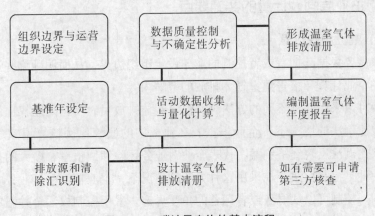

图 10 - 4 碳计量实施的基本流程

二、企业层面碳计量的实施原则

碳计量的实施务必遵循相关性（Relevance）、完整性（Completeness）、一致性（Consistency）、准确性（Accuracy）及透明度（Transparency）五项原则。该原则主要是为确保数据上报和相关的信息公开无错误的表述，在选择和报告信息时避免偏差并提供可靠、不偏颇的温室气体数据，以便进行温室气体排放来源、场所及组织的比较；同时可以让预期使用者作为合理的参考，以制定符合实际的目标或战略等决策。

（一）**相关性**（Relevance）

选择符合预期使用者需求的温室气体源、温室气体汇、温室气体库、数据及方法。

（二）**完整性**（Completeness）

纳入所有相关的温室气体排放和移除。

（三）**一致性**（Consistency）

使温室气体相关信息能做有意义的比较。

（四）**准确性**（Accuracy）

尽可能根据实际情况减少偏差和不确定性。

（五）**透明度**（Transparency）

发布充分且适当的温室气体相关信息，使预期使用者做出合理可信的决策。

三、企业层面碳计量的实施要点

（一）建立组织边界

企业需要根据其拥有或者控制的业务设定组织边界，从而明确哪些业务和运营包含在企业计算和报告温室气体排放的范畴内。

企业可以采用两种不同的方法合并温室气体排放量，一种是股权比例法，在采用股权比例法的情况下，企业根据其在业务中的股权比例核算温室气体排放量。股权比例法反映经济利益，代表企业对业务风险和回报享有多大的权利。

另一种是控制权法，在采用这种方法的情况下，企业核算受其业务的全部温室的控制。控制可以从财务或者运营的角度界定。采用控制权法合并温室气体排放量时，企业应当在运营控制与财务控制标准之间做出选择。

1. 财务控制权

如果一家企业可以对一项业务做出财务或者运营政策方面的指示以从其活动中获取经济利益，前者即对后者享有财务上的控制权。同样，如果一家企业持有对一项业务资产的多数风险和回报，这家企业便被视为享有财务上的控制权。

2. 运营控制权

如果一家企业或其子企业享有提出和执行一项业务的运营政策的完全权利，这家企业便对这项业务享有运营控制权。

在选择采用什么方法设定组织边界的时候，企业需要考虑如何使其温室气体排放核算和报告更好地满足排放报告的要求，同时和财务以及环境报告一致，所采用的方法应当能够最好地反映企业实际的控制权。

（二）设定运营边界

在一个企业对其所拥有或者控制的业务确定了组织边界之后，接着需要设定运营边界，运营边界是在组织边界设定后在企业一级确定的；选定的运营边界被统一用于确认和区分各运营层级的直接和间接排放。这要求确定其业务的排放量，将其分为直接排放和间接排放，并选择直接排放的核算和报告范畴。确定的组织与运营边界共同构成一家企业的盘查清册边界。图 10 - 5 说明了组织边界和运营边界之间的关系。

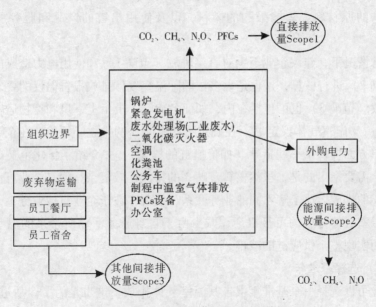

图 10 - 5　组织和运营边界设定示例

为了有效地对温室气体进行管理，设定包括直接排放和间接排放的运营边界有助于企业更好地管理温室气体排放的全部风险，利用好价值链上的机会。针对温室气体核算与报告设定了三个"范畴"，它们共同提供管理和减少直接排放和间接排放的全面温室气体核算框架。一种排放到底是直接还是间接取决于设定组织边界的方法（即股权比例法还是控制权法）。

1. 范畴 1：直接温室气体排放

范畴 1 出现在企业持有或者控制的排放源，例如，企业持有或者控制的锅炉、熔炉、车辆等产生的燃烧排放，持有或者控制的工艺设备生产化学品所产生的排放。生物质燃烧产生的直接二氧化碳排放不应计入范畴1，而应单独报告。

2. 范畴2：电力间接温室气体排放

范畴2核算企业消耗的采购电力产生的温室气体排放。采购电力的定义是通过采购或者其他方式进入企业组织边界的电力。这部分的排放实际上出现在电力生产设施。

3. 范畴3：其他间接温室气体排放

范畴3是选择性的报告类别，允许对所有其他间接排放进行处理。范畴3的排放是企业活动的结果，但出现在非企业持有或者控制的排放源。例如，提炼和生产采购的原材料、运输采购的燃料，以及使用出售的产品和服务所产生的排放。

通常情况下，建议企业至少对直接排放（范畴1）和使用电力造成的间接排放（范畴2）进行核算，这也是大多数国际温室气体排放报告倡议的要求。其他间接排放（范畴3）也可包括在内，如商务旅行、员工上下班和货物运输所引起的排放量。《温室气体议定书》在确定哪些范畴3的排放必须包括在企业的温室气体清单方面提供了一些指导（如价值链的描述），并介绍了量化范畴3的排放的方法。需要指出的是，虽然核算范畴3的排放比较复杂，但是企业可以通过了解范畴3的排放广泛了解不同的业务联系，发现存在于企业直接业务上下游的大幅减少温室气体排放的可行机会，减少由于自身业务活动所带来的温室气体排放，从而实现整个供应链的减排。

（三）选择基准年

企业可以选择一个基准年报告其温室气体排放，这也是为了今后进行比较。选择基准年的原则是企业有可靠数据的最早相关时间点。

企业制定一个重新计算基准年排放量的政策也同样重要，如果数据、报告边界、计算方法或有关因素发生重大变化，那么需要重新计算基准年排放量。

（四）确认与计算温室气体排放量

企业在确定组织和运营边界以及基准年后，可以采取以下步骤计算温室气体排放量：

（1）确认温室气体排放源。

（2）选择温室气体排放量计算方法。

（3）搜集活动数据和选择排放系数。

（4）采用相应的计算工具。

（5）将温室气体排放数据汇总。

（五）确认温室气体排放源

企业可以根据以下方法对企业边界内的排放源进行分类：

（1）固定燃烧：固定的设备内部的燃料燃烧，如锅炉、熔炉、涡轮、加热器、燃烧炉、发动机等。

（2）移动燃烧：运输工具的燃料燃烧，如汽车、卡车、火车、飞机、船舶等。

（3）制程排放：物理或者化学工艺过程中产生的排放，如水泥生产过程中由于煅烧所产生的二氧化碳排放及炼铝过程中的全氟化碳排放等。

（4）逸散排放：设备的接缝、密封件、包装等产生的有意和无意的泄漏，以及煤堆、废水处理、天然气处理设施等产生的排放都属于无组织排放。

每家企业都有上述一种或者多种排放源产生的直接或者间接排放。企业应当首先确认上述四种排放源中的直接排放源，如工艺排放通常只发生在特定的行业，如石油天然气、铝和水泥等；其次确认消耗的采购的电力、热力或蒸汽的间接排放源；再确认范畴3的排放，即企业上下游活动产生的其他间接排放以及与外包或者合同制造、租赁等相关的排放，如前所述，这是可选择的。

（六）选择温室气体排放量计算方法

目前最普遍的计算温室气体排放量的方法是采用已经公布的排放系数，这些系数是经过计算得出的排放源温室气体排放量与代表性活动量度直接的比率。《温室气体议定书》的计算工具提供了相应燃料的排放系数。

（七）搜集活动数据和选择排放系数

企业应当收集和整理计算企业温室气体排放量所需的所有数据并选择相应的排放系数。以下介绍计算不同范畴下温室气体排放量所要搜集的数据：

1. 范畴1固定排放源产生的直接温室气体排放

计算范畴1中固定排放源所产生的直接排放时，需要收集以燃烧为目的所用的燃料消耗量、燃料的排放因子以及燃料燃烧氧化过程的效率等数据。

为了收集燃料燃烧的数量、质量，需要燃料收据、购货记录，或燃料进入燃烧装置的计量数额。如果有必要，收集关于燃料的密度和热值和转换燃料数据为统一的体积、质量，或以能源含量为基础进行计算。

2. 范畴1：企业拥有的车辆

对于移动排放源，如企业拥有的车辆，可以使用两种方法，即根据燃料计算的方法和根据距离计算的方法。

对于企业拥有或控制的运输设备，如企业拥有的飞机、汽车、卡车等燃料燃烧所产生的排放量，是根据燃料收据或燃料开支记录包括车辆燃油记录表或储油记录进行计算的。

3. 范畴2：购买的电力

范畴2可以使用以排放因子为基础的计算方法，以计算二氧化碳排放为例，方程式如下所示：

活动数据×二氧化碳排放因子＝二氧化碳排放量

需要收集的活动数据包括购买的电力、热力或蒸汽消耗量。电力消耗一般是用千瓦小时或兆瓦小时衡量。热或蒸汽使用数据通常用"吨"表示，需要用转换系数将它们转换为电能（ 1kWh ＝ 3.6MJ ）。电力排放系数根据不同电网企业而略有不同。

4. 范畴3：移动排放源所产生的排放（商务旅行和员工通勤）

范畴3其他间接温室气体排放，例如员工上下班或商务旅行，可以使用以燃料为基础的计算方法或基于距离的计算方法。

基于燃料消耗的计算方法：计算根据燃料的消耗数据。用燃料为基础的计算方法计算的移动排放源的排放量基本上和计算固定排放源的排放量是一样的。它们之间的主要差别是两种排放源的燃料类型和燃料的排放因子不同，但也有一些是一致的。

燃料使用的数据可从几个不同的来源，即燃料收据、财务记录的燃料支出，或直接测量燃料的使用数据等获得。当消耗的燃料数量无法获取时，可以采用旅行的距离和燃料—距离效率因子（如升每公里）进行计算。

基于距离的计算方法：根据旅行距离和以距离为基础的排放因子进行计算。当车辆的活动数据的形式是旅行的距离，但是没有燃油经济性数据时可以使用这种方法。在这种情况下，需要使用以距离为基础的排放因子进行计算。

商务旅行的数据中可以有以下三种方式，距离（如公里）、乘客—距离（如乘客—公里）或货物—距离（如每吨—公里）。

员工上下班产生的排放可以根据对通勤习惯的调查结果进行计算，活动数据包括雇员往返的距离和上下班的交通方式。

（八）采用相应的计算工具

《温室气体议定书》的网站 www.ghgprotocol.org 提供了计算温室气体的工具

和指导，该工具已经被许多国际性大企业和组织使用并定期进行更新，是目前公认最好的计算工具。它主要有两类计算工具：一是跨行业工具，可用于不同行业；一是具体行业工具，即专门针对钢铁、水泥、石油天然气、造纸等行业设计的计算工具。这些工具由工作表组成，具有统一的格式，并且有相关的分步指导，便于企业自行使用。

企业需要采用一种以上的计算工具对其全部温室气体排放进行计算。例如，铝厂需要采用铝生产、固定燃烧、移动燃烧、使用氢氟碳化物等计算工具。

（九）将温室气体排放数据汇总

企业可以采用已有的报告工具和流程对处于不同地区和业务单元的温室气体排放量进行合并。在此过程中，需要制定良好的计划，从而减轻报告负担，减少处理数据时可能出现的错误，并确保所有排放源按照一致的方法进行数据和信息采集。企业汇总并形成温室气体报告后，可以向企业管理层、监管机构或其他利益相关方报告。

参考文献

［1］ Robbins. S. R. & Decenzo D. A. *Fundamentals of Management*：*Essential Concepts and Applications*. Peking，Peking Vniversity Press，2006.

［2］方振邦. 管理学基础. 北京：中国人民大学出版社，2008.

［3］［美］卢西尔. 管理学基础：概念、应用与技能提高（第 4 版）. 北京：北京大学出版社，2011.

［4］张小红. 管理学基础. 北京：经济科学出版社，2009.

［5］陈卫中. 管理学基础. 北京：北京理工大学出版社，2009.

［6］［美］罗宾斯，库尔特. 管理学（第 9 版）. 孙健敏等译. 北京：中国人民大学出版社，2008.

［7］李维刚，白瑷峥. 管理学原理. 北京：清华大学出版社，2007.

［8］张永良. 管理学基础. 北京：北京理工大学出版社，2010.

［9］魏江，严进. 管理沟通：成功管理的基石（第 2 版）. 北京：机械工业出版社，2010.

［10］徐显国. 冲突管理. 北京：北京大学出版社，2006.

［11］单凤儒. 管理学基础. 北京：高等教育出版社，2000.

［12］徐艳梅. 管理学原理. 北京：北京工业大学出版社，2000.

［13］乔瑞中，刘广斌. 企业管理学. 哈尔滨：哈尔滨工业大学出版社，2004.

［14］汪解. 管理学原理. 上海：上海交通大学出版社，2000.

［15］许洁虹. 管理学教程. 广州：中山大学出版社，2005.

［16］苏照新. 管理学教程. 广州：暨南大学出版社，2005.

［17］莫寰，邹艳春. 新编管理学. 北京：清华大学出版社，2005.

［18］王凯，宋维明，董金岭. 管理学基础. 北京：高等教育出版社，2000.

［19］［美］普蒂，韦里奇，孔茨. 管理学精要：亚洲篇. 丁慧平，孙先锦译. 北京：机械工业出版社，1999.

［20］郭咸纲. 西方管理思想史. 北京：经济管理出版社，1999.

［21］徐康宁. 现代企业竞争战略——新的规则下的企业竞争. 南京：南京大学出版社，2001.

［22］周三多等. 管理学——原理与方法. 上海：复旦大学出版社，1999.

［23］彭剑峰. 现代管理制度程序·方法·范例全集：组织设计与组织运作卷. 北京：中国人民大学出版社，1996.

［24］王玉. 企业战略管理教程. 上海：上海财经大学出版社，2000.

［25］王利平. 管理学原理. 北京：中国人民大学出版社，2000.

［26］李海波，刘学华. 企业管理概论. 上海：立信会计出版社，2001.

［27］李启明. 现代企业管理. 北京：高等教育出版社，2003.

［28］汤发良. 管理学原理. 广州：广东高等教育出版社，2005.

［29］吴金法. 现代企业管理学. 北京：电子工业出版社，2003.

［30］周三多. 管理学. 北京：高等教育出版社，2003.

［31］［美］斯蒂芬·P. 罗宾斯等. 管理学原理. 毛蕴诗译. 大连：东北财经大学出版社，2004.

［32］［美］哈罗德·孔茨等. 管理学（第10版）. 张晓君等译. 北京：经济科学出版社，1998.

［33］芮明杰. 管理学教程. 北京：首都经济贸易大学出版社，2004.

［34］徐国华等. 管理学. 北京：清华大学出版社，1998.

［35］郑社教. 石油EHS管理教程. 北京：石油工业出版社，2010.

［36］周键霖. 建立适应企业职业健康安全管理体系. 价值工程，2011（14）.

［37］李德鸿，江朝强，王祖兵主编. 职业健康监护指南. 上海：东华大学出版社，2007.

［38］金瑞林. 环境法学. 北京：北京大学出版社，1999.

［39］蔡守秋主编. 环境资源法学. 广州：广东高等教育出版社，2004.

［40］蔡守秋，常纪文主编. 国际环境法学. 北京：法律出版社，2004.

［41］王灿发. 环境法学教程. 北京：中国政法大学出版社，1997.

［42］王曦. 国际环境法. 北京：法律出版社，1998.

［43］吕忠梅. 环境法新视野. 北京：中国政法大学出版社，2000.

［44］汪劲. 中国环境法原理. 北京：北京大学出版社，2000.

［45］蔡守秋. 环境资源法学教程. 武汉：武汉大学出版社，2000.

［46］汪劲. 环境法律的理念与价值追求. 北京：法律出版社，2000.

［47］史培军等. 全球环境变化与综合灾害风险防范研究. 地球科学进展，2009（4）.

［48］中共广东省委宣传部，广东省社会科学院编. 低碳发展知识读本. 广州：广东教育出版社，2010.

［49］英国能源白皮书. 我们能源的未来：创建低碳经济. 2003.

［50］国家发展和改革委员会应对气候变化司主办网站：中国清洁发展机制网 http：//cdm. ccchina. gov. cn/web/index. asp.

［51］杨金贵. 以低碳经济为核心的产业革命来临. 北京财经周刊，2010（4）.

［52］任力. 国外发展低碳经济的政策及启示，发展研究，2009（2）.

［53］陈明，罗家国，赵永红，张涛，袁剑雄编著，刘政主审. 可持续发展概论. 北京：冶金工业出版社，2008.

［54］张坤民，潘家华，崔大鹏主编. 低碳经济论. 北京：中国环境科学出版社，2008.